Encore 70 SIÈCLES pour l'univers

TOME 1 : LE COMMENCEMENT

PHINEAS NZENG

Publié en autoédition.
Première édition : août 2025

Pour en savoir plus sur l'auteur et ses projets :
www.phineas.blog

hello@phineas.blog

De sa première mort et sa première résurrection, les mondes et ceux qui les peuplent ont été fondés ; par sa seconde mort et résurrection, les mondes et ceux qui les peuplent ont été rachetés de la mort pour toujours.

C'est cela l'ordre qu'Il a reçu du Père : Il a le pouvoir de donner sa vie à son gré, et le pouvoir de la reprendre à nouveau.

TABLE DES MATIÈRES

Petit mot de début

1. CHAPITRE 1 : LES CLÉS..1

2. CHAPITRE 2 : LES TROIS CIELS.......................................8

3. CHAPITRE 3 : DES EAUX PAS COMME LES AUTRES...14

4. CHAPITRE 4 : DE L'ABÎME ET DES EAUX.........29

5. CHAPITRE 5 : LE CHAOS......................................42

6. CHAPITRE 6 : L'ADN DE L'UNIVERS.................55

7. CHAPITRE 7 : APRÈS LES EAUX.........................68

8. CHAPITRE 8 : L'HUMAIN....................................91

PETIT MOT DE DÉBUT

Dis-moi, les étoiles que tes yeux contemplent parfois dans la nuit par temps sec, sont-ils éternels ?

Cette belle voûte étoilée qui, de la petite enfance à la vieillesse, ne cesse d'émerveiller les terreux, disparaîtra-t-elle un jour ?

Que répondent souvent les gens à la question de savoir combien de temps reste-t-il à vivre à l'univers ?

Toi, que répondrais-tu à cette question ?

Et moi, que répondrais-je à cette question ?

En effet, l'univers, ce contenant d'innombrables étoiles que l'humanité désire tant voir de plus près, n'est pas éternel.

La plus fiable des sources, celle qui avait prédit la chute de l'empire Ottoman, la Shoah, et même les avancées technologiques du vingt-et-unième siècle, près de deux millénaires plus tôt, nous a appris qu'à une certaine époque l'univers cesserait d'être.

Si le jour et l'heure précis de sa disparition ne sont pas connus, car YHWH le Père les a fixés de sa propre autorité, son siècle de disparition, lui, nous a été révélé.

Alors, disparaîtra-t-il 70 SIECLES après la naissance de Yeshoua ?

Non, beaucoup plus tôt que cela ! Et c’est ce que tu vas bientôt découvrir.

CHAPITRE 1 : LES CLÉS

SELON LA SCIENCE

Selon nos livres de science, au commencement était le Big Bang...
Pas de crainte ! On explique le gros mot (Big Bang) : la théorie du Big Bang dit qu'il n'y avait rien du tout au commencement ; pas de temps, pas d'espace ni de matière, donc pas d'univers.

Il n'y avait donc rien du tout, quand, soudain, une particule plus petite que tout ce qu'on peut connaître de plus petit et d'invisible sur terre explosa en un mélange de lumière, de chaleur et de poussière, qui s'étendit aussitôt sur une distance presqu'aussi grande que l'univers actuel, c'est-à-dire une distance qui dépasse carrément l'entendement humain ; ne pense même pas à calculer !

Du coup, ce mélange de lumière, de chaleur et de poussière finit par donner, après plusieurs milliards d'années, plus de 100 milliards de galaxies contenant chacune à peu près 100 milliards d'étoiles (le soleil est aussi une étoile dans une galaxie), avec chaque étoile ayant plus ou moins des planètes lui tournant autour, un peu comme le font la Terre et 7 autres planètes autour du soleil.

Puis, 9 milliards d'années après le Big Bang, la vie naquit sur terre, prenant d'abord naissance dans les eaux, avant de migrer progressivement vers la terre ferme, et d'évoluer jusqu'à donner l'Homo sapiens sapiens, donc un être humain qui nous ressemble bien fort.

La science a-t-elle dit faux ? Pas nécessairement ! Elle n'a juste pas tout dit ; car la science se base sur les faits, et les faits ne disent toujours pas tout, ni ne démontrent toujours tout ; c'est pourquoi la Terre continuera certainement d'avoir des chercheurs tant qu'elle existera, et leur présence dans ce bas monde demeure utile.

SELON LA PAROLE DE DIEU, LA BIBLE

Au commencement, c'est *Dieu !*
Que fit Dieu ? Il créa.

Au commencement, Dieu créa les cieux et la terre *(Genèse 1 : 1 – 2).*

Voilà ! Notre bonne Genèse chapitre 1 ! Pendant des années, je me suis carrément demandé si ce n'était pas un mythe sur la création, jusqu'à ce qu'un jour je passe de "est-ce un mythe?" à :

- “ Et si ce récit n’avait pas pris une seule ride ?
- “ Et si ce récit racontait des choses que nos télescopes et sondes spatiaux ne nous feront peut-être jamais découvrir de façon intégrale ?

Alors, j’ai poussé un peu plus loin mes recherches, et tu serais super étonné de tout ce que j’ai découvert (pas par moi-même, bien-sûr !), et c’est juste waouh !

Du coup je me suis proposé d’inclure une partie de ces découvertes dans cet ouvrage, question de te faire comprendre ce que YHWH (Dieu) nous a transmis sur le commencement des âges qu’Il a faits, afin que tu en comprennes mieux la marche et l’issue.

Cependant, nous n’irons pas plus loin sans que je ne te parle d’abord de quelques astuces dont nous nous servirons pour comprendre le premier chapitre du livre de Genèse. Ci-dessous, les clés :

Clé 1

Dans Genèse 1, quand un mot qui était cité dans un verset précédent est répété, il n’a généralement plus la même signification qu’avant.

Par exemple, les mots "ciel" et "terre" ont des sens bien différents, selon que l'on est dans une portion ou l'autre de Genèse chapitre 1.

Clé 2

Dans Genèse, les éléments créés le sont tout simplement par les ordres de YHWH (Dieu) : Il annonce ou ordonne une chose, et au temps marqué par Lui, cette chose vient à l'existence.
Qui dit "Ordre de Dieu" dit "Parole de Dieu". Et il y a quelques vérités concernant la Parole de Dieu :

- La Parole de Dieu crée et agit par Elle-même.

  ***Car Il dit et la chose arrive ; Il ordonne et elle existe** (Psaume 33 : 9).*

- La Parole de Dieu peut créer des choses dans 2 réalités : une réalité matérielle et visible, et une réalité immatérielle et invisible.

  ***Car la Parole de Dieu est vivante et efficace, plus tranchante qu'une épée quelconque à deux tranchants** (donc la Parole de Dieu a un pouvoir absolu sur 2 réalités : c'est une épée à 2 tranchants), **pénétrante jusqu'à partager âme et esprit** (Elle agit sur les réalités invisibles : âme et esprit), **jointures et moelles** (Elle agit aussi* *sur les réalités visibles : jointures et moelles)... (Hébreux 4 : 12).*

En créant le monde, il plut à YHWH de le faire en 2 réalités, c'est- à-dire un seul monde, mais qui est double et représenté dans 2 réalités différentes : une réalité matérielle et physique, et une une réalité immatérielle et spirituelle.

Et cela est un point important à garder à l'esprit pour mieux comprendre le récit de la création rapporté dans Genèse 1.

Les 2 clés ci-haut citées sont donc des éléments que nous garderons en main pour mieux comprendre les choses, à mesure que nous avancerons.

Alors, *peut-on croire ce qu'enseigne le livre de Genèse sur les origines du monde ?*

Réponse : Au fait, pour avoir une connaissance globale du cosmos, face aux incapacités que lui imposent les lois de la physique, l'humanité n'a à ce jour rien d'autre qui lui permette d'avoir un aperçu global du cosmos qui l'entoure, a part les récits bibliques, si, bien-sûr, elle les comprend.

En effet, comprendre vraiment Genèse 1 nous fait découvrir que notre connaissance actuelle de l'univers commence et finit à mi-chemin dans le temps comme dans l'espace.

Genèse 1 nous permet ainsi de mieux nous situer dans le temps comme dans l'espace.

Car, mis à part le rapportage des chronologies, qui ne s'alignent pas sur nos conventions humaines, le récit rapporté sur la création du monde et de l'humain dans les premiers chapitres du livre de Genèse, est, selon moi, l'histoire la plus précise jamais racontée sur :

- Les événements qui ont précédé la naissance de l'univers ;
- Ce qu'il y a au-delà de l'univers ;
- La naissance de l'univers, et ses limites que nos outils d'exploration ne peuvent franchir ;
- La naissance des planètes et des étoiles, avec la Terre prise de façon isolée pour raconter comment Dieu, YHWH, y a introduit la vie de façon progressive.

En effet, YHWH a parfois un vocabulaire qui lui est propre : parfois, ce que Lui appelle "arbre" n'est toujours pas un arbre tel que les conventions humaines le comprennent ; parfois ce que Lui appelle "eau" n'est toujours pas l'eau telle que nous la connaissons, et de fois ce qu'Il appelle "jour" n'est toujours pas le jour tel que nous le comprenons. Et c'est normal, rien ne l'oblige à s'aligner sur nos conventions !

[Bonus :

La foi comme la science sont des cadeaux de YHWH à ses créatures conscientes, mais parfois la science est une autopsie très lente de ce qui peut être connu et obtenu d'emblée par la foi, c'est pourquoi le scientifique ne devrait pas s'interdire de croire.

Car celui qui veut d'abord savoir par quel mécanisme la mer rouge va se diviser avant d'y frapper son bâton, sera sans doute longtemps déjà mort sous l'épée de l'Egyptien quand il aura trouvé la réponse à sa préoccupation !]

Alors, veux-tu apprendre une ou deux choses de plus que tu ignorais jusque là sur le monde et l'humanité ? Des choses logiques et explicables, et pas des absurdités ?
Ce qui suit va sûrement te faire un effet "Wahou !".

CHAPITRE 2 : LES TROIS CIELS

En effet, le récit de Genèse 1 nous fait comprendre qu'il existe 3 ciels. Par "ciel", tu devrais comprendre 3 espaces distincts au-dessus de nos têtes, ayant chacun du contenu:

- **Le premier ciel** : du point de vue matériel, il est le seul que nos yeux physiques peuvent voir, et le seul que nos instruments d'exploration spatiale peuvent explorer. Et il y a une raison à cela ; un peu de patience, nous allons bientôt la voir !

  Pour résumer les choses, le premier ciel (ou premiers cieux) c'est tout le cosmos qui entoure la planète Terre, donc : l'espace, le soleil, la lune, les étoiles, et les autres planètes (voir schéma 1 pour plus de précision) ;

- **Le deuxième ciel**, ou le ciel moyen, est un espace au-delà de notre univers, au-delà du premier ciel (voir schéma 1 pour plus de précision).

  Comme notre univers, le deuxième ciel est certainement aussi un espace à la fois physique et immatériel ;

- Le troisième ciel c'est le ciel des ciels ou cieux des cieux (voir schéma 1), là où YHWH siège et règne de façon absolue à ce jour.

  Certains indices portent à croire que les cieux des cieux sont également à la fois physiques et immatériels, et tu comprendras mieux cela bientôt.

> ***Mais Elohim habiterait-il vraiment sur la terre ? Voici les cieux, même les cieux des cieux, ne peuvent Te contenir...*** *(1 Rois 8 : 27)*

SCHÉMA 1 : LA TERRE ET LES TROIS CIELS
Ci-dessous, la partie inférieure d'une sphère (un globe) coupée en deux

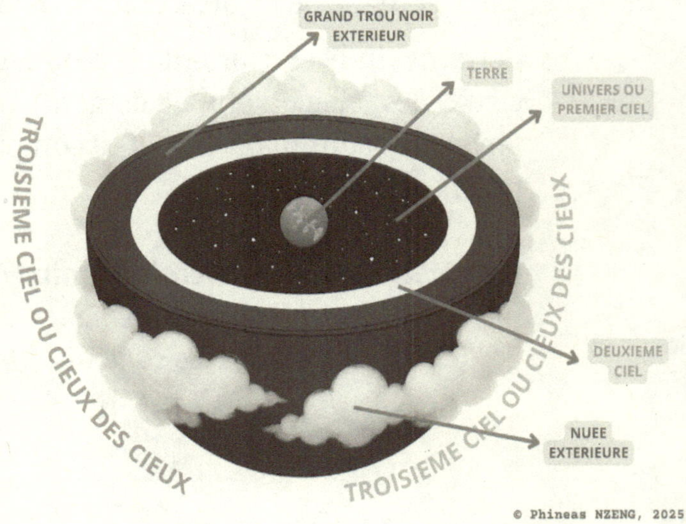

Les 3 ciels ci-haut décrits, ainsi que la terre que nos pieds piétinent, ont été formés selon un processus et sur une certaine durée ; cette durée est décrite en jours selon la chronologie de YHWH, et l'est en milliards d'années selon le fruit de nos recherches humaines sur l'univers.

En effet, YHWH (Dieu) a sa propre façon de décrire et de déterminer le temps qu'Il a créé ; Il n'appelle toujours pas "jour" ce que nous appelons "jour", ou "mois" ce que nous appelons "mois". YHWH fait donc ce qu'il veut avec le temps qu' Il a créé, et la sagesse serait tout simplement de Lui demander une conversion compréhensible du temps pour nos cerveaux de bébés.

C'est donc le processus de création des ciels et de la terre, cette sorte d'embryogenèse de la création, que le chapitre 1 du livre de Genèse ainsi que d'autres récits bibliques similaires nous décrivent.

[Bonus :

Elohim *= mot hébreu traduit littéralement par "Dieux" ; le singulier étant Eloah (Dieu).*

YHWH *= Nom propre d'Elohim (Dieu) dans la Bible hébraïque. C'est un un tétragramme (mot fait de 4 lettres), souvent translittéré en "Yahweh" ou "Jéhovah" dans la langue française.*

*Bien qu'Elohim soit en fait un mot pluriel, la langue hébraïque le conjugue toujours au singulier (**Au commencement Elohim créa les cieux et la terre... Genèse 1 : 1**).*

YHWH, Elohim, est l'ensemble constitué par L'Être principal, le Père, et ses 2 Bras pensants (2 Extensions, 2 Exécuteurs de desseins) qui sont :

> *- **Sa Parole ou Substance créatrice**, qui possède une conscience qui Lui est propre, et qui est un Être à part entière.*
>
> *- **Son Esprit** (son caractère), qui est également un Être possédant sa propre conscience, et donc un Être à part entière.*

*Ils ne peuvent se contredire car Ils sont Un, un comme la Terre pour toujours irriguée et les 2 Arbres qui poussent sur Elle, qui vivent par Elle, et qui sont la manifestation de toute la richesse de la Terre. Et Ils peuvent converser entre eux car chacun a sa propre conscience : la Terre éternellement irriguée (le Père) a une conscience qui Lui est propre, et ses 2 Arbres en ont aussi une, Chacun (**Zacharie 4 : 11 - 14, Jean 6 : 57, Jean 15 : 1**).*

***Zacharie chapitre 4 : 11 – 14** parle du Seigneur de tout l'univers et des 2 Oints, les 2 Fils de l'Huile, ou encore 2 Oliviers, qui se tiennent devant Lui.*

Une étude un peu plus poussée de **Zacharie 4** *nous fait découvrir que l'un des 2 Oliviers c'est Celui qui pose le fondement de la maison, donc le fondement de l'univers, et Il est appelé Zorobabel, qui est en fait une figure de Jésus-Christ ; il y est aussi écrit que Zorobabel (l'un des deux oliviers et figure de Jésus) a nécessairement besoin de l'apport de l'autre Olivier, c'est-à-dire le Saint-Esprit, pour accomplir la mission donnée par le Père.]*

CHAPITRE 3 : DES EAUX PAS COMME LES AUTRES

Genèse 1 : 1 – 2 :
« Au commencement, *Dieu* créa les *cieux* et la *terre*. La terre était informe et vide : il y avait des ténèbres à la surface de l'abîme et l'Esprit de Dieu se mouvait au-dessus des eaux . »

Concernant le récit de **Genèse 1**, nous avons dit précédemment qu'un mot cité dans un verset précédent ne signifie presque jamais plus la même chose dans les versets suivants. Te souviens-tu de la ***clé 1*** ?

Le ciel dont il est question dans le passage ci-haut (Au commencement, *Dieu* créa **les *cieux*** et la *terre)* c'est certainement le ciel des ciels ou troisième ciel **(voir schéma 1 au chapitre 2)**, et il n'est cité qu'une seule fois dans Genèse 1, sans qu'aucune description ou toute autre précision ne lui soit associées.

Du coup, on passe directement à la terre, et là ça devient encore plus intéressant. Le verset 2 :
"La terre était informe et vide : il y avait des ténèbres à la surface de l'abîme et l'Esprit de Dieu se mouvait

au-dessus des eaux *(Genèse 1 : 2).*"

La terre dont on parle dans ce deuxième verset n'est pas encore la planète Terre ; elle n'en est même pas proche. Cette terre c'est en fait la structure d'où furent tirés plus tard le deuxième ciel et l'univers (planète Terre + premier ciel).

Lu dans cette version de la Bible (Louis Segond), Genèse 1 : 2 pourrait être incompréhensible pour certains, car quelques termes demanderaient peut-être une clarification. C'est par exemple les termes:

- Terre informe et vide ;
- Abîme ;
- Les eaux.

Terre informe et vide + abîme :
Pour mieux comprendre ces termes, commençons par lire le même verset dans une traduction plus littérale, et donc plus proche de la version originale écrite en hébreu.
Voici ce que dit la la Bible de Chouraqui :

" ***La terre était tohu-bohu...*** *(Genèse 1 : 2).*"

Le terme tohu-bohu (de l'hébreu *tohu va-vohou*) signifie "un état de confusion et de désordre extrême". En d'autres termes cela signifie "le chaos, la destruction absolue".

Et “une terre tohu-bohu ou absolument détruite” = **“de la poussière”** tout simplement.

Quant au terme “abîme”, il signifie “gouffre”, “précipice”, “vide”.

Genèse 1 : 2 peut donc être reformulé en disant :

> ***“La terre était absolument en état de chaos** (= de la poussière sans forme) **; le gouffre était recouvert de ténèbres, et le Saint-Esprit planait sur la face des eaux.”***

Ce qui fait office de récipient ici c’est le gouffre ; donc les eaux étaient certainement contenues dans le gouffre, et dans ces eaux se trouvaient de la terre en état de destruction absolue, c’est-à-dire de la poussière en suspension, certainement parce que quelque chose avait réduit un élément terreux en poussière.

Et le tout était recouvert de ténèbres, mais à la surface des eaux contenues dans le gouffre, le Saint-Esprit planait.

Waouh ! Des eaux dans un gouffre à l’immensité insondable et recouvert de ténèbres ? Mais une minute ! D’où est venu le gouffre ? Où et comment a-t-il été creusé ?

C'est une bonne question, et la Bible y répond :
L'origine du gouffre : Le gouffre, ou l'abîme, fut créé par YHWH, signifiant que même le vide n'existait pas avant la création. Ainsi, à travers Salomon, la Sagesse nous dit :

> ***J'ai été établie depuis l'éternité, dès le commencement, avant l'origine de la terre.***
> ***Je fus enfantée quand il n'y avait point d'abîmes, point de sources chargées d'eau*** *(Proverbes 8 : 23 - 24).*

Et nous devons savoir que ce gouffre, cet abîme, n'est pas un trou creusé, mais plutôt un vide créé dans "le rien du tout", et tellement immense, aux frontières duquel, YHWH délimita une sphère (un globe), selon qu'il est écrit :

> ***"Lorsqu'Il disposa les cieux*** *(certainement le troisième ciel),* ***J'étais là ; <u>lorsqu'Il traça un cercle à la surface de l'abîme</u>... J'étais à l'œuvre auprès de Lui...*** *(Proverbes 8 : 27 - 30)."*

En effet, un cercle tracé dans un vide immense, dans un contexte où il n'y a certainement pas encore de notion de haut ou de bas, parce que certainement pas encore de pesanteur, devrait tout simplement signifier **"une sphère"** c'est-à-dire une délimitation circulaire dans tous les sens, et pas un simple cercle tel qu'on pourrait le comprendre.

SCHÉMA 2 : DÉLIMITATION D'UNE SPHÈRE DANS RIEN DANS L'ABÎME

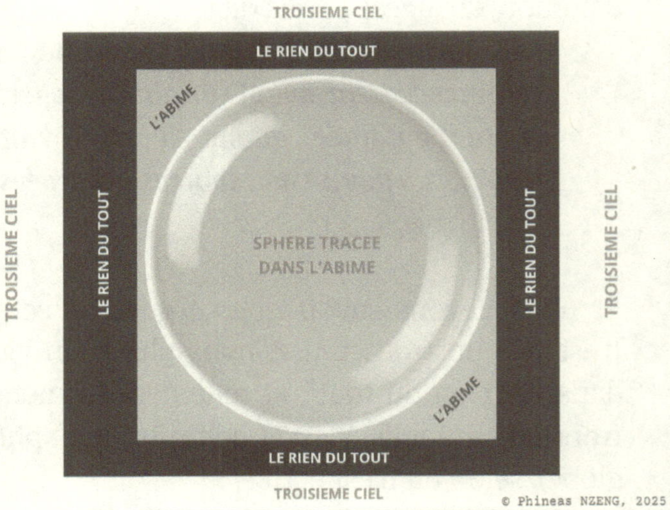

YHWH délimita donc un espace sphérique aux frontières du grand vide (l'abîme), remplit l'espace sphérique d'eaux, et recouvrit le tout de ténèbres.

SCHÉMA 3 : LES EAUX REMPLISSANT LA SPHÈRE TRACÉE DANS L'ABÎME (PHASE DES DÉBUTS)

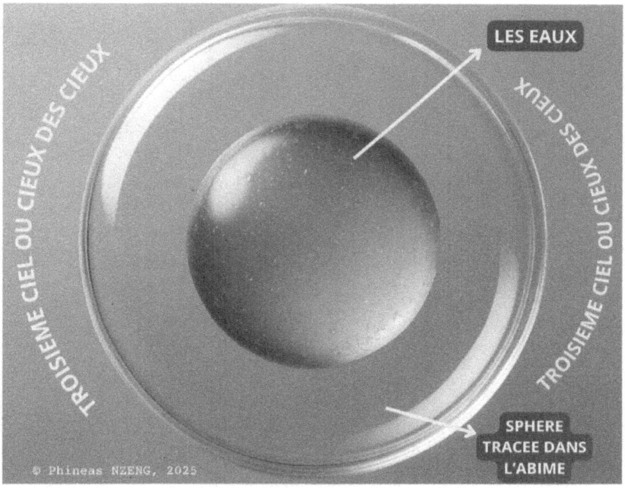

Dans les circonstances telles que la Bible nous permet de les comprendre, puisque la pesanteur n'existait certainement pas encore, les sources d'où avait jailli les eaux étaient sûrement en suspension au centre de la sphère de l'abîme, d'où elles diffusaient les eaux dans tous les sens au même moment, remplissant la sphère de façon sphérique, jusqu'aux limites de remplissage fixées par YHWH.

SCHÉMA 4 : LES EAUX REMPLISSANT LA SPHÈRE TRACÉE DANS L'ABÎME (PHASE PLUS TARDIVE)

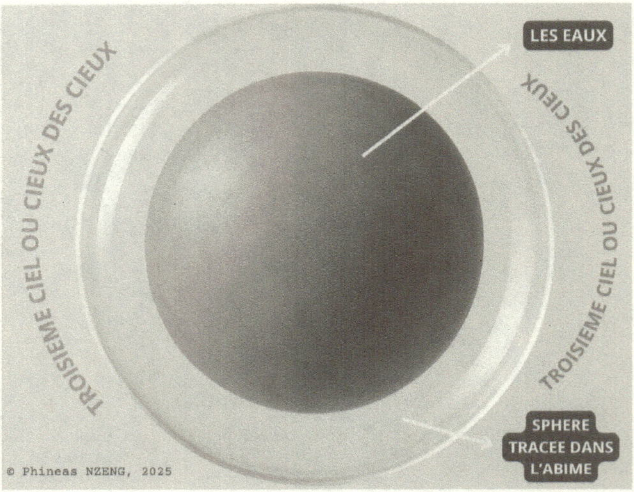

Un mot sur les eaux...

Jusqu'à ce stade nous avons :

- Des eaux dans un gouffre recouvert de ténèbres *(les ténèbres n'ont pas encore été illustrées)* ;
- De la poussière en suspension dans les eaux *(la poussière n'a pas encore été illustrée)* ;
- L'Esprit de Dieu planant à la surface des eaux.

Les eaux dont parle Genèse 1 : 2 ne sont pas des eaux de la même nature que celles que nous consommons sur la planète Terre. Les eaux dont il est question ici sont une substance présente à la fois dans le monde immatériel et dans le monde physique (souviens-toi du monde, qui est en deux réalités), et dont nous allons parler tout de suite. Mais d'emblée, je ne te conseillerais vraiment pas de boire ces eaux.

Les eaux dont il est question ici c'est l'ensemble de tout ce qu'on peut connaître de destructeur ; c'est un environnement où rien ne peut survivre ni demeurer entier. Tout se désintègre et devient poussière dans ces eaux, à part l'esprit (la pensée, le raisonnement). Ce sont des eaux de la mort.

Dans l'univers physique, ces eaux se rapporteraient à la matière constitutive des trous noirs. Et dans le monde de l'âme, ces eaux c'est la mort (le séjour des morts, le Shéol, un lieu où l'âme se désintègre et redevient poussière). Et pour être plus précis, ces eaux c'est en fait la première mort, différente de la deuxième mort, qui est l'étang de feu (Apocalypse 21 : 8).

[Bonus : C'est quoi un trou noir ?

Les recherches scientifiques nous ont appris qu'il y a un trou noir au centre de la Voie Lactée, notre galaxie.

En effet, le soleil est une étoile, et autour de lui tournent des planètes, parmi lesquelles la Terre.

La plupart des étoiles que tu vois la nuit dans le ciel sont aussi comme le soleil : elles ont des planètes qui tournent autour d'elles.

L'ensemble d'une étoile et des planètes qui tournent autour d'elle s'appelle un système stellaire (du mot latin "stella" : étoile).

Une galaxie est un très vaste regroupement d'étoiles et de leurs planètes ; il y a généralement des centaines de milliards d'étoiles par galaxie, et, selon les chercheurs, il existerait à ce jour environ 2000 milliards de galaxies observables, et un nombre inconnu de galaxies non observables. L'ensemble des galaxies forme l'univers.

La galaxie où se trouve la planète Terre et le système solaire s'appelle la Voie Lactée. Au centre de la Voie Lactée, comme au centre de toutes les galaxies d'ailleurs, se trouve ce qu'on appelle un Trou noir (voir schéma 5 ci-bas).

Et pour te donner une idée : le trou noir de la Voie lactée se trouve à environ 26 000 ou 27 000 années-lumière de la Terre. 26000 années-lumière veut dire que "si tu te déplaçais à la vitesse de la lumière (300 000 km/s), tu mettrais 26 000 ans en route pour arriver au centre de notre galaxie."

En effet, les trous noirs sont des lieux où rien ne peut rester entier : tout s'y désintègre et devient poussière ; et la science nous apprend que rien ne peut s'échapper d'un trou noir : tout ce qui y entre y est fait poussière, et en est rendu prisonnier.

Les trous noirs sont donc des sortes de réservoirs des eaux de la mort, mais des eaux de la mort matérielles, physiques.]

SCHÉMA 5 : REPRESENTATION D'UNE GALAXIE, AVEC UN TROU NOIR EN SON MILIEU

En effet, nous n'aurions certainement rien su des eaux et de leur nature si la Bible ne nous en avait pas parlé.

En effet, David, parlant certainement des souffrances que devait plus tard endurer Jésus, mais aussi des souffrances qu'endure l'âme de quiconque descend dans les eaux de la mort, a écrit :

> *“Sauve-moi, ô Dieu ! Car les eaux menacent mon âme. J’enfonce dans la boue sans pouvoir me tenir, je suis tombé dans un gouffre, et les eaux m'inondent. Je m'épuise à crier, mon gosier se dessèche, mes yeux se consument tandis que je regarde vers mon Dieu...*
> *Mais je t’adresse ma prière, ô Éternel ! Que ce soit le temps favorable, ô Dieu, par ta grande bonté ! Réponds-moi en m’assurant ton secours ! Retire-moi de la boue et que je n’enfonce plus ! Que je sois délivré de mes ennemis et du gouffre !*
> *Que les flots ne m'inondent plus,que l'abîme ne m'engloutisse pas, et que la fosse ne se ferme pas sur moi !* (Psaume 69 : 1 - 3 & 13 - 15)

Et quelque part encore, sur un sujet similaire, David dit :

> *“ Je suis comme de l’eau qui s'écoule, et tous mes os se séparent ; mon cœur est comme de la cire, il se fond dans mes entrailles. Ma force se dessèche comme l'argile, ma langue s’attache à mon palais ; Tu me réduis à la poussière de la mort* (Psaume 22 : 14 - 15).

Voilà ! C'est donc cela la nature des eaux dont parle Genèse 1 : 2 : qu'elles soient matérielles ou immatérielles, elles réduisent les choses en poussière. Tu comprends pourquoi c'est une eau que tu n'aimerais pas du tout boire ; n'est-ce pas ?

Ces eaux réduisent les âmes comme les corps en poussière (tu es poussière, tu retourneras à la poussière), et lors de la fondation du monde, le Précurseur avait dû être réduit en poussière dans les eaux, et de cette poussière l'univers et ceux qui le peuplent furent formés, comme nous le verrons bientôt.

En parlant de poussière, souviens-t'en encore : le monde est double : une composante matérielle et une composante immatérielle : pour le monde immatériel, nous devons comprendre que la poussière dont sont formées à la fois nos âmes et l'ensemble de la partie immatérielle du cosmos était au commencement suspendue dans les eaux de la mort (voir Psaume 69 : 1 - 3 & 13 - 16 et Psaume 22 : 14 - 15 pour les eaux de la mort).

Et pour ce qui est du commencement du monde matériel, nous devons comprendre que la poussière (les atomes ?) de notre univers physique (la poussière de toutes les galaxies, étoiles, planètes et de leur contenu) aurait été, au commencement, suspendue dans la matière constituante de ce que nous connaissons dans l'univers comme étant des trous noirs (voir l'explication plus haut sur les trous noirs). C'était donc le chaos, le tohu-bohu.

Ça y est ! Maintenant que tu comprends un peu plus **Genèse 1**, nous allons faire un ajout sur la formation de l'abîme et l'origine des eaux, puis nous verrons comment la poussière se retrouva en suspension dans les eaux contenues dans l'abîme...

CHAPITRE 4 : DE L'ABÎME ET DES EAUX

Jusque-là, parlant du commencement, nous avons vu qu'il y avait 3 éléments :

- Des eaux (de la mort) dans un abîme recouvert d'obscurité ;
- La terre réduite au chaos (donc, de la poussière en suspension sans forme) dans les eaux ;
- L'Esprit de Dieu planant sur la face des eaux.

Ces trois éléments constituaient la situation de la Terre primitive créée par Elohim au commencement. C'est dans cette terre primitive qu'Il forma le deuxième ciel, la terre et notre cosmos, qui est le premier ciel.

De l'abîme...

Nous avons vu plus haut que l'abîme se définissait comme "un gouffre ou trou insondablement immense et profond".

En effet, pour nous les humains, qui marchons sur une terre sur laquelle nous sommes retenus grâce à la pesanteur, nous comprenons un trou comme un espace creusé et délimité dans le sol.

Pour celui qui creuse un trou au pôle nord de la terre, c'est un trou qui ira du haut vers le bas du globe (donc du nord au sud) ; mais pour celui qui creuse un trou au pôle sud, c'est un trou qui ira du bas vers le haut du globe (donc du sud vers le nord).

De même, quand celui qui est au pôle sud regarde vers le ciel, c'est en réalité vers le bas qu'il regarde ; et quand celui qui est sur l'équateur regarde vers le ciel, c'est en réalité sur le côté qu'il regarde.

Ainsi, pour ce qui est du commencement, le terme "abîme" ne devrait pas être compris comme un trou creusé dans le sol, car, en dehors d'Elohim, rien du tout n'existait à ce moment-là : pas d'espace, pas de matière, pas de temps, même le vide n'existait pas. Il n'y avait pas non plus de pesanteur pour déterminer un bas et un haut ; il n'y avait rien.

> ***Je fus enfantée quand il n'y avait point d'abîmes, point de sources chargées d'eaux. Il n'avait encore fait ni la terre, ni les campagnes, ni le premier atome de la poussière du monde...***
> *(Proverbes 8 : 24 - 26)*

Alors Elohim créa le ciel (le troisième ciel) et le vide, un grand vide, qu'Il délimita par un cercle. Et puisque nous sommes dans un contexte où il n'y a

ni gauche ni droite, ni haut ni bas, par cercle nous devons comprendre “une sphère, un globe”.
As-tu deviné le nom de ce grand vide dans lequel fut marqué un globe ?
Ce vide, c’était l’abîme.

Ainsi, la Sagesse, nous dit à travers Salomon :

> ***Lorsqu’Il disposa les cieux, J’étais là ; lorsqu’Il traça un cercle à la surface (littéralement : sur les faces) de l’abîme, lorsqu’Il fixa les nuages en haut (nuages différents de ceux vus sur terre) et que les sources de l’abîme jaillirent avec force, lorsqu’Il donna une limite à la mer, pour que les eaux n’en franchissent pas les bords, Lorsqu’Il posa les fondements de la terre, J’étais à l’œuvre auprès de lui, et Je faisais tous les jours ses délices, Jouant sans cesse en sa présence, jouant sur le globe de sa terre...*** **(Proverbes 8 : 27 - 31)**

Voila ! Donc à ce stade nous avions le ciel (le troisième ciel) et un grand vide sphérique, l’abîme. Surtout n’oublions pas que ce vide n’existait pas avant qu’il fût créé par YHWH, car même le vide est une entité créée. Avant sa création, il n’existait pas, et après sa création, il commença à exister.

Alors, si c’est au milieu de rien du tout que le vide (l’abîme) fût créé, après sa création, n’était-il pas devenu comme un ballon de football ou comme une poche sphérique vide coincée dans le "rien du tout" ? N'était-il pas un peu comme un ballon de football totalement enfoncé et coincé dans la terre, le ballon étant l'abîme, et la terre tout autour du ballon étant le "rien du tout" ? Du coup ça faisait un abîme, un grand trou (**voir schéma 2 au chapitre précédent**).

Puis, après cela, Elohim recouvrit les parois de l'abîme de nuages, et suspendit les eaux de la mort dans l'abîme, certainement de façon sphérique.
C'est-à-dire que YHWH remplit l'abîme des eaux jusqu'à une certaine limite, celle donnée par son décret, son ordre.

Il le remplit, certainement pas comme on remplirait un ballon sur terre, où agit la pesanteur, mais Il laissa certainement les eaux se répartir de façon sphérique dans l'abîme, jusqu'à une certaine limite, celle donnée par son décret, qui était comme des "portes" que les eaux ne pouvaient pas franchir.
Et Il enveloppa les eaux de ténèbres.

> ***"Qui a fermé la mer avec des portes, quand elle s'élança du sein maternel ; quand Je fis de la nuée son vêtement, et de l'obscurité ses langes ; quand Je lui imposai ma loi, et que Je lui mis des barrières et des portes ; quand Je lui dis : tu***

***viendras jusqu'ici, tu n'iras pas au-delà ; ici s'arrêtera l'orgueil de tes flots** (Job 38 : 8 – 9) ?*

SCHÉMA 6 : ENVELOPPEMENT DES EAUX PAR LA NUÉE ET LES TÉNÈBRES

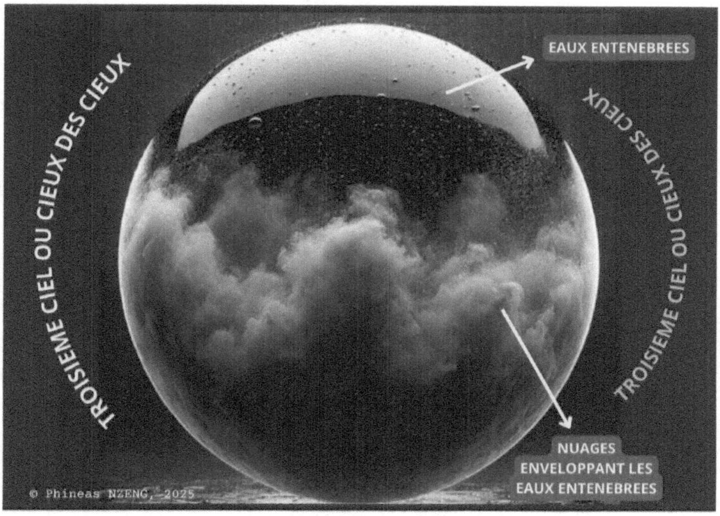

Illustration de l'enveloppement des eaux par les ténèbres, et de leur couverture par la nuée. La limite extérieure de la nuée est aussi celle de la sphère de l'abîme ; au-delà de cette limite c'est le troisième ciel ou ciel des ciels.
Ici, la nuée ne recouvre la sphère que de moitié pour nous permettre de voir les eaux qui sont en dessous.

Donc, on récapitule : dans rien du tout, YHWH creusa un abîme, sur les frontières duquel Il délimita une sphère dont Il recouvrit les parois de nuages ; Il laissa les eaux de la mort remplir l'abîme jusqu'à la limite donnée par ses décrets, et Il enveloppa les eaux de la mort par d'épaisses ténèbres.

Alors, d'où seraient venues les eaux de la mort ? Bien que la Bible ne mentionne pas explicitement une phrase du genre : "Elohim créa les eaux...", il est certain qu'Il en est le Créateur, car la Sagesse les énumère parmi les œuvres les plus anciennes de YHWH.

> ***L'Éternel m'a créée la première de ses œuvres, avant ses œuvres les plus anciennes.***
> ***J'ai été établie depuis l'éternité, dès le commencement, avant l'origine de la terre.***
> ***Je fus enfantée quand il n'y avait point d'abîmes, point de sources chargées d'eau*** *(Proverbes 8 : 22 - 24).*

La Bible nous apprend aussi que YHWH a un pouvoir absolu sur les eaux de la mort : celui de leur donner l'autorisation de jaillir de leur sein, celui de les manipuler à son gré par sa Parole (son ordre, son décret), et celui de les tarir pour toujours.

- ***Qui a fermé la mer avec des portes, quand elle s'élança du sein maternel ; quand Je fis de la nuée son vêtement, et de l'obscurité ses langes ; Quand Je lui imposai ma loi, et que Je lui mis des barrières et des portes ; quand Je dis : tu viendras jusqu'ici, tu n'iras pas au-delà ; ici*** *s'arrêtera l'orgueil de tes flots ?"* (Job 38 : 8 – 11)

- *Je dis à l'abîme: Dessèche-toi, Je tarirai tes fleuves* (Ésaïe 44 : 27).

- *Puis je vis un nouveau ciel et une nouvelle terre; car le premier ciel et la première terre avaient disparu, et la mer n'était plus* (Apocalypse 21 : 1)."

Ainsi, pour toujours, Elohim Seul a le pouvoir de ramener les âmes et les corps de la mort, et quiconque demeure en communion avec Elohim à travers ses Bras (Jésus-Christ et le Saint Esprit) ne peut être fait prisonnier des eaux de la mort ; la résurrection et la vie sont son héritage pour l'éternité.

- *L'Éternel fait mourir et il fait vivre. Il fait descendre au séjour des morts et il en fait remonter* (1 Samuel 2 : 6).

- *Jésus lui dit : Je suis la résurrection et la vie. Celui qui croit en Moi vivra, quand même il serait mort ; et quiconque vit et croit en Moi ne mourra jamais. Crois-tu cela* (Jean 11 : 25 - 26) ?

[Bonus :

Les eaux physiques (trous noirs) sont éloignées de nous, mais les eaux immatérielles ont leurs fleuves et leurs rivières parmi les âmes humaines, et elles se traduisent par des perturbations dans notre monde physique.

Ces fleuves et rivières de l'abîme, qui vivent parmi nous, sont le péché, les maladies, les accidents, les pratiques magiques, la sorcellerie, etc., bref le mal. Et tous les jours sur terre, des âmes sont emportées par ces fleuves et rivières venues de l'abîme vers les grandes eaux de l'abîme (la mer) pour y être réduites en poussière (tu es poussière, tu retourneras à la poussière), et y être tourmentées et faites prisonnières, en attendant le jour où les eaux rendront leurs morts ***(Apocalypse 20 : 13)****. Toute cause naturelle ne l'est toujours pas...*

Mais la bonne nouvelle c'est que ceux dont les âmes ont été régénérées par Dieu à travers le sacrifice de Jésus-Christ (ceux qui ont reçu Jésus), et qui demeurent en communion avec Dieu (par l'obéissance à Dieu, la prière, la lecture biblique, la louange à Dieu et l'adoration régulières) ont le pouvoir de tarir les fleuves et les rivières dirigées contre eux ; et même quand leurs âmes tomberaient dans les eaux, la résurrection qui est en Jésus et en YHWH le Père les en ramènerait, car ce n'est pas dans la désintégration , les tourments et la prison des eaux que eux sont censés attendre la résurrection des morts ***(Apocalypse 14 : 13)****.*

> *Il (le peuple de YHWH)* ***passera la mer de détresse, il frappera les flots de la mer, et toutes les profondeurs du fleuve seront desséchées ; l'orgueil de l'Assyrie sera abattu, et le sceptre de l'Égypte disparaîtra. Je les fortifierai par l'Éternel, Et ils marcheront en son nom, Dit l'Éternel (Zacharie 10 : 11 - 12)***
>
> ***... Je bâtirai mon Église, et les portes du séjour des morts ne prévaudront point contre elle (Matthieu 16 : 18).***
>
> ***Jésus lui dit : Je suis la résurrection et la vie. Celui qui croit en Moi vivra, quand même il serait mort ; et quiconque vit et croit en Moi ne mourra jamais. Crois-tu cela (Jean 11 : 25 - 26) ?]***

Jusqu'à présent, les éléments de la création dont nous avons parlés concernent à la fois le matériel et l'immatériel. Faut donc considérer que tout ce qui a été énuméré est à la fois matériel et immatériel. Cependant, nous devons quand-même savoir que le temps et les distances ne s'écoulent pas de la même façon dans les 2 réalités : le monde immatériel, celui de nos âmes et de nos rêves, est un mystère pour nous et il a ses propres lois.

[Petit conseil sur le monde immatériel

Tout humain qui appartient à Elohim ne regarde pas dans le monde de l'âme (le monde de nos rêves), ou ne va pas s'y promener de son propre gré, même quand, par malheur, il aurait déjà appris à le faire dans le passé.

Il faut attendre que le Saint-Esprit t'y transporte ! Car c'est cela que nous rapporte la Bible sur toutes les expériences de sortie hors du corps et sur toutes les visions du monde de l'âme et du monde des esprits.

Et c'est d'ailleurs là le point de différence entre le prophète de Dieu et le sorcier : le sorcier sait malheureusement comment regarder dans l'autre monde par lui-même, mais comme un fumeur qui arrête de fumer pour toujours dès lors qu'il a accepté et reçu Jésus, le sorcier qui a accepté et reçu le Seigneur Jésus-Christ devrait arrêter pour l'éternité de regarder par lui-même ou de se rendre par lui-même dans le monde immatériel.

S'il n'arrête pas de faire cela, il n'y aura jamais de délivrance ni de salut pour lui, car en regardant, il fermera la porte au Saint Esprit, un peu comme un cheval qui veut se conduire tout seul, et il rendra par conséquent encore et encore disponibles les portes de son âme aux souffles contaminés (mauvais esprits ou intelligences impures), qui le manipuleront, parasiteront son bon sens et le conduiront sur le mauvais chemin, ainsi le péché et les addictions auront toujours le dessus sur lui.

Car il faut le Saint Esprit en nous pour éloigner les mauvais esprits et réussir à accomplir la volonté de Dieu et Lui plaire ; sans le Saint Esprit, la bataille est perdue d'avance.

Un esprit est un souffle, une pensée, une intelligence, et il peut créer en l'humain des scénarios spirituels, des visions, des rêves, et lui donner des idées. Tu ne le vois que quand il a manipulé ta propre pensée (ton propre esprit) pour que tu le voies, ou quand l'Esprit de Dieu t'a conditionné à le voir. Il peut donc agir à ton insu, et c'est d'ailleurs ce qui arrive le plus souvent.

Les anges et les souffles contaminés (les démons) sont des esprits **(Psaume 104 : 4)***.]*

Ça y est ! Maintenant que tu connais un peu plus de choses, nous allons parler de la poussière (le chaos) qui se trouvait au commencement dans les eaux :

d'où était-elle venue ? Et comment était-on passé du chaos absolu à un monde structuré, bien formé ?

CHAPITRE 5 : LE CHAOS

Petit retour à l'école...

Le corps humain ou celui de l'animal est constitué de molécules, comme par exemple : les protéines, les graisses, les vitamines, les hormones, etc. Ces molécules servent à bâtir le corps et permettent aussi son bon fonctionnement.

Les molécules sont elles-mêmes constituées d'éléments plus petits appelés atomes. Un atome c'est par exemple le Carbone (C), l'Hydrogène (H), et l'Azote (N), pour ne citer que ceux-là.

Un chaos dans nos corps ...

L'un des processus les plus géniaux et les plus vitaux qui se déroule dans notre corps c'est la digestion : c'est quelque chose de quotidien et de parfois pas assez connu, qui arrive à moi comme à toi, et même aux animaux.

Quand un humain mange (du poulet par exemple), les différentes substances chimiques contenues dans le liquide de son estomac et de ses intestins vont découper ce poulet en molécules, puis en atomes, et les atomes vont être absorbés dans le sang. Une fois dans le sang, les atomes vont être rassemblés par certains organes du corps en différentes molécules utiles pour bâtir le corps humain et pour son bon fonctionnement.

En effet, le poulet a ses propres molécules : protéines, vitamines, graisses, hormones, etc., mais ces molécules sont celles d'un poulet et ne peuvent pas fonctionner chez un humain. Cependant, les atomes (carbone, hydrogène, etc.) qui constituent les molécules du poulet sont les mêmes atomes que ceux d'un humain.

Il faut donc que l'organisme humain découpe les molécules (graisses, protéines, etc.) du poulet en différents atomes (carbone, hydrogène,etc.) afin qu'il fabrique ses propres molécules avec ces atomes obtenus. C'est un peu comme détruire une maison, puis réutiliser ses briques pour construire une maison d'un modèle différent.

Et le schéma que doit suivre notre organisme pour reconstituer ces atomes issus du poulet en nos propres molécules est inscrit dans nos corps depuis notre conception, sous la forme d'un plan, un programme à vie : l'ADN.

Ainsi dit, nos estomacs et nos intestins sont de véritables lieux de chaos : la nourriture qu'on y jette ne peut demeurer entière dans le liquide

qu'ils contiennent, car ce liquide est rempli de substances chimiques qui découpent la nourriture et la font fondre ; toute nourriture qu'on y jette y est réduite au chaos, à la poussière, à l'état d'atomes qui seront réutilisés.

Du code dans tout ce qui vit...

En effet, YHWH est un Planificateur, un Programmeur dans sa nature ; il n'est pas beaucoup interventionniste ; la plupart de choses qu'Il fait, Il les programme, les planifie à l'avance. C'est peut-être pourquoi les miracles sont des événements peu courants, et c'est aussi peut-être pourquoi l'exaucement à nos prières ne se concrétise toujours pas tout de suite.

Presque tout ce que YHWH fait est donc d'abord programmé, planifié à l'avance, afin d'arriver au bon moment : par exemple, si tu n'as pas pris la peine de cultiver en saison de pluie, tu passeras certainement toute la saison sèche à prier pour que la pluie tombe, mais c'est seulement des mois après, lors de la prochaine saison de pluie, que tu verras la réponse à tes prières se concrétiser, à moins d'un miracle !

Par exemple, un petit garçon de 4 ans, qui se met à prier pour avoir de la barbe, priera certainement encore et encore pendant les 14 prochaines années de sa vie avant de voir la réponse à ses prières se concrétiser, à moins d'un miracle !

Oui, presque tout ce qu'Elohim fait, est d'abord programmé, un peu comme un architecte qui finit d'abord tout le plan de la maison sur papier avant d'en entamer la construction.

> ***Celui qui s'applique à élaborer des plans connaîtra l'abondance, celui qui agit précipitamment connaîtra la disette*** *(Proverbes 21 : 5, BFC).*

De même, pour tous les êtres vivants (microbes, plantes, animaux, humains), tout le développement et fonctionnement de leurs organismes : quelle taille et quelle masse ils auront à tel ou tel âge, leur couleur de peau, couleur de cheveux, la façon dont leur organisme doit reconstituer les atomes issus de la digestion en molécules, etc., et même une partie de leur comportement, est déjà écrit en eux au moment même où ils sont conçus. Le reste de leur développement physique, et même comportemental, n'est que l'exécution d'un plan écrit en eux à l'avance. Et ce plan c'est le code génétique : l'ADN.

Waouh, tu t'imagines, humainement parlant, combien grand aurait été le travail sans l'ADN ? S'il fallait un ordre particulier de YHWH à chaque petit changement devant être subi par un organisme ?

- S'il fallait par exemple que YHWH commence à ordonner à la première dent de chaque enfant du monde de pousser quand le bon moment arrive pour lui ?

- Ou si après chaque digestion Il devait ordonner aux organismes, chacun selon le temps de son alimentation, de former des molécules avec les atomes obtenus ?

Bien-sûr cela n'aurait pas été grand chose pour YHWH, car, par exemple, depuis que l'infection est entrée dans la création, Il est passé en mode interventionniste pour le bien-être de chacun des humains, mais au début cela n'était pas le cas : Elohim avait tout programmé pour fonctionner de soi.

Au commencement du monde : le chaos...

Plus haut, alors que nous décrivions les eaux dont parle Genèse 1, nous avions vu que c'était des eaux de la mort : rien de ce qu'on y jette n'y demeure entier ; tout y est réduit en poussière, au chaos, un peu comme ce qui se passe quand nous digérons. Te souviens-tu de ce que devient la nourriture dans le liquide de nos estomacs et intestins ?

Et ayant précédemment vu que l'univers est à la fois matériel et immatériel, nous avions vu que les eaux dont parle Genèse 1 : 2 sont aussi à la fois matérielles et immatérielles : les eaux matérielles seraient la substance extrêmement destructrice contenues dans les trous noirs de l'univers, et les eaux immatérielles sont un lieu où les âmes sont réduites en poussière, au chaos, bien que l'esprit (la conscience) lié aux âmes demeure intacte et peut ressentir la souffrance de l'âme, et c'est cela la mort, dont parle certains passages de la Bible, comme le Psaume 22 : 14 - 16 et le Psaume 69 : 1 - 3 & 13 - 16.

Nous avons également dit que le chaos (le tohu-bohu) décrit dans Genèse 1 : 2 était dû au fait qu'un élément primordial avait été réduit au chaos, à la poussière (en atomes ?) dans les eaux de la mort lors de la fondation du monde, un peu comme la nourriture l'est dans nos estomacs et intestins, et c'est ce que nous allons maintenant voir en détails :

Apocalypse 13 : 8, Bible Chouraqui :
"Tous les habitants de la terre se prosternent devant elle, ceux dont le nom n'a pas été écrit sur le volume de la vie de l'Agneau égorgé depuis la fondation de l'univers."

Voila ! L'agneau sacrifié depuis la fondation du monde ! Nous ne saurions certainement pas grand chose de la poussière grâce à laquelle Elohim avait fondé le monde, si ce passage de la Bible ne nous avait pas été rapporté.

L'Agneau dont parle ce passage c'est Celui qu'on appelle le Logos ou encore la Parole, la Substance, qui a une conscience (Jean 1 : 1 - 4 & Apocalypse 19 : 11 - 16) ; Il est également l'un des 2 Oints qui se tiennent devant l'Elohim de tout l'univers (Zacharie 4), ou encore l'Oint, le Conducteur (Daniel 9 : 25). Il est aussi appelé le Bras de Dieu (Ésaïe 53 : 1).

L'Agneau de Dieu c'est Jésus-Christ (Jean 1 : 29 - 30), Celui de qui chaque atome de nos âmes et du monde des nos âmes tire son origine, et aussi Celui de qui chaque atome de nos corps et de l'univers tire son origine.

> ***Toutes choses ont été faites par Elle (par son moyen), et rien de ce qui a été fait n'a été fait sans Elle** (Jean 1 : 3).*

En effet, la Bible nous rapporte deux créations successives du monde par Elohim. La création du premier monde, celle du livre de Genèse, est déjà complètement finie (***Dieu acheva au septième jour son œuvre, qu'Il avait faite...*** *Genèse 2 : 2*), et la création du second (dernier) monde, celui d'Apocalypse, a déjà été entamée. Alors que tu lis cet ouvrage, la destruction du premier monde a déjà également été entamée, pendant que la construction du second monde a déjà aussi été entamée.

A chaque création, que ce soit pour le premier comme pour le second monde, l'Agneau a dû être sacrifié dans les eaux d'abord (si le grain ne meurt pas, il reste seul... Jean 12 : 24). Ainsi, dès lors que nous avons vu l'Agneau parmi nous, annonçant sa mort et son relèvement de la mort, la création d'un nouveau monde, un monde définitif, s'apprêtait déjà à être entamée, pour toujours.

> ***Dès ce moment, Jésus commença à prêcher et à dire : Repentez-vous, car le Royaume des cieux est proche*** *(Matthieu 4 : 17).*

Passer par la destruction est l'expérience la plus tragique qui puisse être ; Jésus le savait, car Il en avait déjà fait l'expérience ***(mon Père, s'Il est possible, que cette coupe s'éloigne de moi...*** *Matthieu 26 : 39)*, mais passer par la destruction est aussi la preuve ultime d'amour.

C'est donc de l'amour que le monde est né, et c'est de l'amour qu'il est en train de renaître. Car Elohim aurait pu demeurer Seul pour l'éternité s'Il l'avait

voulu, mais il Lui plut de créer d'autres êtres pour les faire participer à son bonheur : cette nourriture que tu aimes, par exemple, n'est-ce pas un bonheur ?
Et quand, à cause de la désobéissance de l'humain, l'univers fut infecté, lorsque les eaux de la mort et de la méchanceté trouvèrent une porte d'entrée sur l'âme humaine un peu comme l'eau de mer sur un bateau troué, Elohim aurait pu nous laisser tous couler dans les eaux, puis nous envoyer brûler dans le feu de l'enfer avec les anges rebelles pour toujours.

Cependant, pour nous créer comme pour nous restaurer et recréer le monde, Elohim sacrifia l'Agneau aux eaux de la mort, un peu comme un homme qui coupe son bras, mais un bras possédant une conscience et des sentiments qui lui sont propres, et le jette au feu, pour que des mondes (re)naissent et vivent par lui.

- ***Il n'y a pas de plus grand amour que de donner sa vie pour ses amis* (Jean 15 : 13).**

- ***Car Dieu a tant aimé le monde, qu'Il a donné son Fils Unique, afin que quiconque croit en Lui ne périsse point, mais qu'Il ait la vie éternelle* (Jean 3 : 16).**

Oui, un peu comme la nourriture est déchirée, dépiécée, réduite en poussière dans le liquide agressif de nos entrailles digestives, ainsi l'Agneau de Dieu avait été réduit en poussière (à l'état d'atomes ?) dans les eaux de la mort lors de la fondation du monde ; tout le futur univers venait donc d'être fondé, mais il n'était encore que poussière dans les eaux : la terre était chaos, tohu-bohu, confusion.

[Bonus

Quelqu'un se demandera peut-être : si l'Agneau avait été sacrifié, et que la poussière issue de sa destruction par les eaux avait permis à YHWH de créer le monde, comment se fait-il que l'Agneau existait toujours, jusqu'à porter un jour un corps humain sur la terre, afin de nous annoncer le nouveau monde et aller à nouveau dans les eaux ?

En effet, nous devons principalement savoir ***deux choses*** *:*

- ***Première chose*** *: s'agissant d'une âme, les eaux ne mettent jamais tout en pièce ; il y a toujours une sorte de noyau qui reste, car Jésus comme les âmes issues de Lui (poussant sur Lui...* ***Jean 15:5****) sont tous issus du Père, qui est vivant pour toujours.*

  *Ainsi, dans la vision d'****Ézéchiel 37*** *par exemple, les âmes mortes sont révélées à*

Ézéchiel comme des ossements dans une vallée, car quelque chose est resté après la désintégration de tout le reste.

Et quand dans **Zacharie 3** *Jésus est retiré des eaux lors de sa résurrection et qu'Il se présente avec des habits remplis d'excréments (les péchés du monde) devant le Père, auprès de qui Il reçoit de nouveaux vêtements, le Père Le compare à un tison retiré du feu, donc un morceau de bois qui n'a pas totalement été consumé, et qui a été retiré du feu (des eaux de la mort).*

Nous comme Jésus sommes des bois qui ne peuvent complètement brûler ou se désintégrer.

> ***C'est pourquoi, comme une langue de feu dévore le chaume, et comme la flamme consume l'herbe sèche, ainsi leur racine sera comme de la pourriture*** *(leur partie source pourrira juste, mais sans se désintégrer),* ***et leur fleur se dissipera comme de la poussière*** *(le reste de leur être se désintégrera)...* ***(Ésaïe 5 : 24)***

- ***Deuxième chose :*** *L'ordre reçu du Père ramène Jésus des eaux et Lui restitue tout ce qu'Il y avait laissé. Car, si Dieu a un plan pour ce que Jésus laisse dans la mort (le plan*

d'utiliser cela pour créer ou recréer des mondes), Il a aussi un plan pour Jésus Lui-Même, et ce plan c'est l'ordre du Père qui est en Jésus (une sorte d'ADN ?), l'ordre de revenir de la mort et de retrouver son état initial.
***Le Père m'aime parce que Je donne ma vie, afin de la reprendre. Personne ne Me l'ôte, mais Je la donne de Moi-même ; J'ai le pouvoir de la donner et J'ai le pouvoir de la reprendre : Tel est l'ordre que J'ai reçu de mon Père** (Jean 10 : 17 - 18).]*

Le programme...
Alors, comme il y a toujours un programme (notre code génétique) pour reconstituer en nos propres molécules les atomes de la nourriture que nous digérons, ainsi, ce n'était pas sans programme préalable et écrit, que YHWH avait dissout son propre Bras, c'est-à-dire l'Agneau, dans les eaux de la mort : un plan de reconstitution de la poussière de son Bras en l'univers avait déjà été établi et écrit bien avant, et c'est cela que nous allons maintenant voir...

CHAPITRE 6 : L'ADN DE L'UNIVERS

Nous avons vu plus haut que lors de la création du monde, YHWH (Dieu) jeta aux eaux de la mort son Bras Pensant (Jésus-Christ, l'Agneau de Dieu) afin que la poussière issue de sa partie désintégrable par les eaux servît à créer l'univers.

Nous avons également dit précédemment que YHWH (Dieu) est un Planificateur, un Programmeur ; la plupart de choses qu'Il fait, Il les planifie longtemps à l'avance, et quand nous commençons à les voir, cela est souvent l'exécution d'un plan préétabli, un peu comme une machine programmée à l'avance, qui se met à fonctionner d'elle-même.

> ***... Avant qu'elles (ces choses) arrivent, Je vous les prédis*** *(Ésaïe 42 : 9)*... ***& Car Je connais les projets que J'ai formés sur vous, dit l'Éternel*** *(Jérémie 29 : 11)*...

Ainsi, autant la croissance et le fonctionnement du corps humain et du corps des animaux sont tout simplement l'exécution d'un programme préétabli, c'est-à-dire l'ADN contenu en eux depuis leur conception, et qui leur permet de fabriquer leurs propres molécules à partir des atomes issues de la digestion, autant la création du monde par Dieu était l'exécution d'un programme préétabli : une suite d'ordres donnés, mis par écrits et scellés, qui permirent de reconstituer la poussière issue de l'Agneau en l'univers.

Apocalypse 5 : 1 - 2 : ***"Puis je vis dans la main droite de Celui qui était assis sur le trône un livre écrit en dedans et en dehors, scellé de sept sceaux. Et je vis un ange puissant, qui criait d'une voix forte : qui est digne d'ouvrir le livre et d'en rompre les sceaux ?"***

Ça y est ! Le livre scellé de sept sceaux ! Si Elohim ne nous avait pas révélé cela, nous ne saurions certainement pas grand chose sur le fait que la création du monde avait été une suite d'événements programmés (un plan préétabli qui s'exécutait étape après étape).

La création était l'exécution d'une suite d'ordres, une suite de paroles prononcées à l'avance par Elohim, dans le but de donner forme à la poussière qui allait être issue de la partie désintégrable de l'Agneau. Ce n'était donc certainement pas une série d'événements spontanés, qui nécessitaient l'intervention d'Elohim à chaque nouvelle étape de la création.

En d'autres termes, Elohim connaissait déjà ce qu'allait être l'univers final avant d'entamer sa création ; la maquette, le code de l'univers, avait déjà été conçue par ses déclarations mises par écrit, et dont chacune devait s'exécuter en son temps.

En effet, certains autres récits de la Bible nous font également découvrir cette façon de faire d'Elohim : celle de déclarer les choses à l'avance et les mettre par écrit avant leur exécution. C'est ce que nous rapporte par exemple Ézéchiel le prophète, ou encore Jean, l'auteur de l'Apocalypse : tout ce qu'ils devaient raconter leur avait déjà été préparé d'avance et mis par écrits par YHWH.

- ***Il me dit : fils de l'homme, mange ce que tu trouves, mange ce rouleau, et va, parle à la maison d'Israël** (Ézéchiel 3 : 1).*

- ***Je pris le petit livre de la main de l'ange, et je l'avalai... Puis on me dit : il faut que tu prophétises de nouveau sur beaucoup de peuples, de nations, de langues et de rois** (Apocalypse 10 : 10 - 11).*

Pourquoi le livre à 7 sceaux vu par Jean serait certainement l'ADN, le plan de l'univers ?

Le livre à 7 sceaux vu par Jean (Apocalypse 5) est certainement le plan de la création, l'ADN de l'univers, parce que nous remarquons qu'à partir du **chapitre 6 de l'Apocalypse**, l'Agneau de Dieu commence à ouvrir les sceaux du livre, et à chaque sceau qu'Il ouvre, une cascade de catastrophes surviennent.

Des catastrophes surviennent à chaque ouverture de sceau du livre, jusqu'à l'ouverture du sixième sceau, qui donne suite à un grand bouleversement du cosmos, et aussi de la géologie de la Terre.

> ***Je regardai, quand Il ouvrit le sixième sceau ; il y eut un grand tremblement de terre, le soleil devint noir comme un sac de crin, la lune entière devint comme du sang, et les étoiles du ciel tombèrent sur la terre, comme lorsqu'un figuier secoué par un vent violent jette ses figues vertes.***
> ***Le ciel se retira comme un livre qu'on roule ; et toutes les montagnes et les îles furent remuées de leurs places*** *(Apocalypse 6 : 12 - 14)*.

L'ouverture des sceaux crée donc un bouleversement des ordres établis, un peu comme si une maison constamment liée à son plan et ne

tenant debout que parce que son plan demeure entier, venait à voir son plan progressivement effacé.
Oui, telle est la façon de faire de YHWH : Il donne le plan des choses à l'avance, avant de les faire venir à l'existence en pourvoyant à l'Agneau, Celui de qui chaque atome de l'univers visible et chaque atome de l'univers invisible tirent leur source. Et c'est exactement ce qu'Il fit avant d'entamer la destruction de l'univers actuel et la création d'un nouvel univers et d'un nouveau ciel, Il annonça la création de nouvelles choses.

> ***Voici les premières choses se sont accomplies, et Je vous en annonce de nouvelles ; avant qu'elles arrivent, Je vous les prédis*** *(Ésaïe 42 : 9)*.

En effet, une grande partie de l'Ancien Testament (qui est la première partie de la Bible chrétienne, et qui est la Bible juive ou Tanakh) est la preuve de cela : si, lors de la conception du plan du monde actuel par YHWH, l'humain n'avait pas encore été créé, pour la destruction de ce monde en vue d'en créer un nouveau, il plut à Elohim de communiquer son nouveau plan à l'humanité, qui maintenant existait.

Et une grande partie de l'Ancien Testament se résume tout simplement à l'annonce de la création d'un nouvel univers, accompagné de la régénération des âmes et des corps humains qui y seront introduits, et qui sont parfois qualifiés de villes, jardins, terres, montagnes, maisons, dans les livres des prophètes.

> ***Ainsi parle le Seigneur, l'Éternel : le jour où Je vous purifierai de toutes vos iniquités, Je peuplerai les villes, et les ruines seront relevées ; la terre dévastée sera cultivée tandis qu'elle était déserte aux yeux de tous les passants ; et l'on dira : cette terre dévastée est devenue comme un jardin d'Éden ; et ces villes dévastées, désertes et abattues sont fortifiées et habitées.***
> ***Et les nations qui resteront autour de vous sauront que Moi, l'Éternel, J'ai rebâti ce qui était abattu, et planté ce qui était dévasté. Moi, l'Éternel, J'ai parlé et J'agirai*** **(Ézéchiel 36 : 33 - 36).**

Oui, si, pour créer un nouveau monde, Elohim a planifié à l'avance avant le sacrifice de l'Agneau, certainement que pour la création du monde actuel, ce n'était pas non plus sans plan préalable que l'Agneau avait été sacrifié.

Et l'existence du plan de la première création nous est certainement révélée par l'existence du livre à sept sceaux **(Apocalypse 5 et 6).**

Quelques clarifications :

Si déjà tu as assimilé le fait qu'Elohim est un Seul Être en qui se trouve le Père, l'Agneau et le Saint-Esprit, autrement appelés le Père et ses Oints (les 2 Fils de l'Huile selon **Zacharie 4**), alors tu serais peut-être déjà entrain de te poser certaines questions :

- *Qui du Père, de l'Agneau et du Saint Esprit a prononcé les mots du livre scellé de 7 sceaux ?*
- *Qui a scellé le livre, et avec quoi ?*

Ce sont d'excellentes questions !
En effet, nous devons savoir que dans YHWH, les trois ont chacun une conscience ; Chacun des 3 parle, et ils sont intimement liés l'Un à l'Autre un peu comme une Terre éternellement irriguée et les deux Oliviers qui poussent sur Elle, n'accomplissant tous qu'une seule volonté, ayant tous le même dessein. La Terre éternellement irriguée c'est le Père, et ses deux Oliviers c'est l'Agneau et le Saint-Esprit.

Comme dit précédemment, avant que l'Agneau n'allât dans les eaux, un plan du Père existait déjà pour l'Agneau Lui-Même ainsi que pour la poussière qui résulterait de la dissolution de sa partie désintégrable dans les eaux.

Quel était donc le plan du Père ? **Ce plan, c'était des ordres :**

1. Ordres sur la poussière issue de l'Agneau = formation de l'univers.

Le plan sur la poussière issue de l'Agneau était une suite d'ordres prononcés par le Père, mis par écrit, et verrouillés (scellés) par le sang (l'énergie vitale?) de l'Agneau. Car, si Dieu avait promis de sceller le plan du nouveau monde par le sang issu du sacrifice de l'Agneau, c'est certainement aussi par le sang de l'Agneau que les ordres définissant le premier monde, le monde actuel, avaient été scellés.

> ***Et pour Toi, a cause de ton alliance scellée par le sang, Je retirerai tes captifs de la fosse ou il n'y a pas d'eau** (Zacharie 9 : 11).*

2. Plan pour l'Agneau Lui-Même

Ce plan était certainement un ordre du Père prononcé sur l'Agneau (une partie du code génétique de l'Agneau ?), stipulant que l'Agneau peut donner sa vie aux eaux et la reprendre à nouveau ; et tout ce que dit le Père s'accomplit textuellement comme Il l'a dit.

> ***Le Père M'aime parce que Je donne ma vie afin de la reprendre. Personne ne Me l'ôte, mais Je la donne de Moi-Même ; J'ai le pouvoir de la donner et J'ai le pouvoir de la reprendre : tel est l'ordre que J'ai reçu de mon Père** (Jean 10 : 17 - 18).*

Oui, c'est certainement par le sang de l'Agneau que les ordres créateurs et constitutifs du premier monde, le monde actuel, furent verrouillés par Elohim, et c'est pourquoi c'est seulement par l'Agneau que nous voyons ces ordres être progressivement déliés (ouverture des sceaux) à ce jour, car aucune autre vie n'est égale, aucune n'est plus plus grande, aucun autre sang n'est plus précieux.

> ***Et je vis un ange puissant qui criait d'une voix forte : Qui est digne d'ouvrir le livre, et d'en rompre les sceaux ? Et personne dans le ciel, ni sur la terre, ni sous la terre, ne put ouvrir le livre ni le regarder. Et l'un des vieillards me dit : Ne pleure point, voici, le lion de la tribu de Juda, le rejeton de David, a vaincu pour ouvrir le livre et ses sept sceaux.***
>
> ***Et je vis au milieu du trône et des quatre êtres vivants et au milieu des vieillards, un agneau qui était là comme immolé, il avait sept cornes et sept yeux, qui sont les sept esprits de Dieu envoyés par toute la terre. Il vint et Il prit le livre de la main droite de Celui qui était assis sur le trône*** *(Apocalypse 5 : 2 - 7)*.

Ainsi, tant que les écrits concernées ne seront pas d'abord déliés, aucune autre connaissance, aucune autre puissance, aucune magie ne pourra troubler l'ordre de l'univers de façon par exemple à faire s'effondrer les galaxies, car il y a des lois que la vie de l'Agneau a scellées ; la vie de l'Agneau c'est la vie du Père, et le Père est plus grand que tout.

> ***Car Je vous le dis en vérité, tant que le ciel et la terre ne passeront point , il ne disparaîtra pas de la loi un seul iota ou un seul trait de lettre, jusqu'à ce que tout soit arrivé*** **(Matthieu 5 : 18).**

Ça y est ! ça vient d'être dit : c'est ça la notion du code génétique, de l'ADN, de l'univers. Autant les cellules de notre corps contiennent une suite d'ordres leur indiquant ce qu'elles doivent faire à tel ou tel autre moment de nos vies, autant l'univers tout entier est la matérialisation d'une série d'ordres du Père donnés sur la poussière issue de la dissolution de la partie désintégrable de l'Agneau dans les eaux, et ces ordres furent mis par écrit, et scellées, verrouillées par le sang (l'énergie vitale ?) de l'Agneau.

> *[Bonus*
> *Quelqu'un se dira peut-être : Si tout l'univers avec son immensité est venu de l'Agneau, combien immense (physiquement parlant) doit être l'Agneau !*
> *C'est une bonne préoccupation ! En effet, le miracle de la multiplication des pains et des poissons par Jésus (Matthieu 14 : 14 - 21) est un*

enseignement précieux sur un pouvoir particulier d'Elohim.

Dans Elohim réside le pouvoir de la multiplication : un atome peut se multiplier à l'infini pour devenir des centaines de milliards de galaxies, et des centaines de milliards de galaxies peuvent être subitement réduites à la taille d'un atome.

Ainsi, alors que Jésus et ses disciples observaient ceux qui offraient de l'argent dans le temple (Luc 21 : 1 - 4), *Jésus observa la veuve et dit que ce fut elle qui mit le plus, car ce n'est toujours pas une affaire de quantité de départ comme beaucoup peuvent le croire.*

Et Jésus disait : Il est plus facile que le ciel et la terre (donc l'univers tout entier) passent, qu'il ne l'est qu'un seul trait de lettre de la loi vienne à tomber (Luc 16 : 17). *Oui, certainement parce que, parmi tant d'autres raisons, les lois qui sous-tendent le ciel et la terre sont d'Elohim, et par conséquent un seul trait de lettre de la loi, bien que trop petit d'apparence, est plus grand et plus puissant que ce qui nous semble infiniment grand.*

Ainsi dit, lors de la fondation du monde, particulièrement pour ce qui concerne la partie physique de l'univers, l'Agneau aurait même pu se jeter dans les eaux de la mort portant la substance physique de la grandeur d'un seul atome, voir même d'une taille moins que cela, puis voir la poussière issue de sa désintégration se multiplier et s'étendre sur des distances astronomiques, celles de l'univers, déclarées à l'avance par la Parole (les ordres, le plan) du Père.

La particule matérielle la plus petite qui puisse être était donc suffisante pour créer l'univers physique tel que nous le connaissons ; le plus important était que cette particule fut. Car, comme pour la multiplication des pains et des poissons, tout n'est pas dans le nombre des pains et des poissons, mais dans leur disponibilité et dans le pouvoir de Celui qui peut les multiplier à son gré.]

CHAPITRE 7 : APRÈS LES EAUX

YHWH est vraiment Puissant ! De la destruction, du chaos absolu, d'un gros trou noir, bref de la mort et du désespoir absolu, Il fit naître des mondes et leurs peuples, en parlant tout simplement.

Oui, à la Parole de YHWH, les choses n'obéissent pas tout simplement, elles s'exécutent et se conforment ; car sa Parole est un flot puissant devant lequel le mot "résistance" n'existe pas, et ce flot n'emporte les choses que vers une seule destination : ce que YHWH a dit.

> ***Car la Parole de Dieu est vivante et efficace, plus tranchante qu'une épée quelconque à deux tranchants...*** *(Hébreux 4 : 12)*

Bien plus haut, prenant appui sur diverses références bibliques, nous avons vu que, lors de la création du monde, Elohim jeta son Bras Pensant (l'Agneau de Dieu, Yeshoua) dans les eaux de la mort contenues dans l'abîme et recouvertes de ténèbres, et sa partie réductible en poussière se désintégra dans les eaux et la poussière issue de sa désintégration servît à former l'univers.

C'est donc à ce stade de chaos et de destruction absolue que commence le récit rapporté par le chapitre premier du livre de Genèse.

> ***Au commencement Dieu créa les cieux et la terre. La terre était tohu-bohu*** *(le chaos, la destruction, la poussière en suspension)* ***: il y avait des ténèbres à la surface de l'abîme et l'Esprit de Dieu se mouvait au-dessus des eaux*** *(Genèse 1 : 1 - 2).*

Ainsi, à ce stade, pour ce qui est de l'univers immatériel comme de l'univers matériel, nous avions de la poussière (des atomes ?) suspendue dans les eaux de la mort, les eaux elles-mêmes recouvertes de nuages (Voir Job 38) et de ténèbres.

SCHÉMA 7 : ENVELOPPEMENT DES EAUX PAR LA NUÉE ET LES TÉNÈBRES

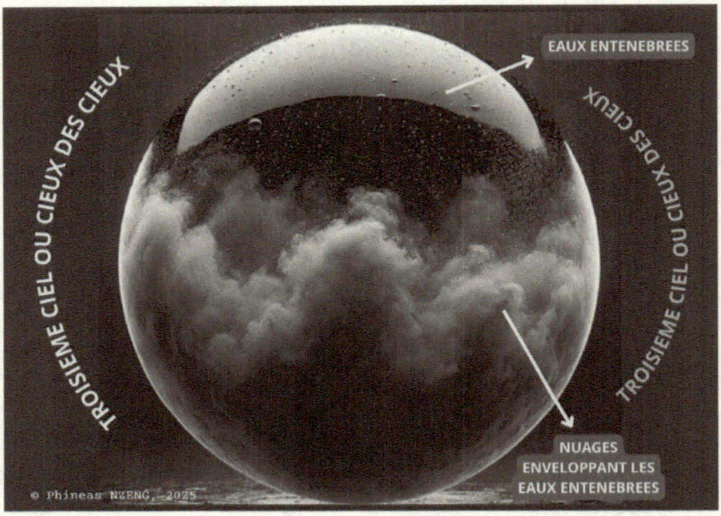

Illustration de la première terre (reprise du schéma 6) : nous voyons des eaux recouvertes de ténèbres et de nuées. Dans les eaux se trouve de la poussière suspendue, mais qui ne peut être vue ici à cause des ténèbres.
C'était donc la première terre, celle citée dans ***Genèse 1 : 1*** *(Au commencement Dieu créa les cieux et la terre), celle qui était destinée à devenir le deuxième ciel et l'univers.*
Cette première terre était en fait un gros trou noir.

Oui, c'est à partir de cette première terre qu'Elohim forma l'univers (les planètes et leurs cieux, qui sont le premier ciel) ainsi que le deuxième ciel, dans les suites de la création. Le troisième ciel n'avait été pas formé à l'intérieur de cette structure, mais au-delà de celle-ci, au-delà des nuages et des ténèbres, et c'est certainement le troisième ciel dont il est fait mention dans Genèse 1 : 1 (Au commencement Dieu créa les cieux et la terre).

Et plus haut, nous avons également vu que, pour ce qui est de l'univers matériel et physique, les eaux de la mort sont certainement la substance qui constitue les trous noirs de l'univers, et que, pour ce qui est du monde immatériel (le monde de l'âme), les eaux de la mort c'est le Shéol, là où les âmes non admises au repos de Dieu sont réduites à la poussière et au chaos (Psaume 22 : 15 & Psaume 69 : 13 - 16).

Les suites de la création

Comme vu précédemment, Elohim, Auteur, Planificateur et Créateur de l'univers, avait certainement tout planifié et mis par écrit avant même la création.

La poussière issue de l'Agneau et les eaux qui la contenaient étaient donc programmées à suivre les ordres et instructions prononcés, mis par écrit à l'avance par le Père, et verrouillés par le sang (la vie?) de l'Agneau.

> *[En effet, la plupart des traducteurs de la Bible ont utilisé le présent pour traduire les ordres d'Elohim, faisant ressortir une simultanéité*

entre les ordres donnés et leur exécution, et cela demeure correct. C'est par exemple : "Dieu dit : que la lumière soit (la déclaration est au présent) ! Et la lumière fut (Genèse 3 : 1)*."*

Cependant, quelques rares traducteurs, puisqu'une autre tournure est aussi acceptable, ont ressorti l'antériorité des ordres d'Elohim par rapport aux éléments créés par eux. Ainsi, par exemple, dans la version Bible Chouraqui, nous trouvons : Elohîms dit : "Une lumière sera (l'ordre est au futur)". Et c'est une lumière (Genèse 3 : 1) *; faisant ressortir le fait que l'ordre selon lequel la lumière paraîtrait avait été donné bien avant son exécution.*

Allons-nous dire que YHWH ne peut pas aussi donner des ordres qui s'accomplissent simultanément ? Loin de là, car il est aussi écrit que YHWH fait tout ce qu'Il veut, et il n'y a rien qui Lui soit impossible.

> ***Tout ce que l'Éternel veut, Il le fait, dans les cieux et sur la terre, dans les mers et dans tous les abîmes*** *(Psaume 135 : 6).*

Dans le cas de la création, il plut certainement à YHWH de faire d'abord un plan.]

Ainsi donc, sous les ordres de YHWH, furent créés dans la suite :

- **La lumière**

Par les ordres de YHWH, dans le mélange de poussière et des eaux de la mort, la lumière parut.

Mais la lumière était encore mêlée à l'obscurité, alors YHWH fit que dans la suite des temps, partout où une lumière serait allumée, que les ténèbres fuissent : Il sépara donc la lumière des ténèbres, et ce fut la naissance de l'ère 1 de la création, le premier jour de la création.

> ***Dieu dit que la lumière soit ! Et la lumière fut.***
> ***Dieu vit que la lumière était bonne ; et Dieu sépara la lumière d'avec les ténèbres.***
> ***Dieu appela la lumière "jour", et Il appela les ténèbres "nuit". Ainsi il y eut un soir et il y eut un matin : ce fut le premier jour*** (Genèse 1 : 3 - 5).

"Il y eut un soir et il y eut un matin" est une expression qui pourrait aussi signifier : *"Une période de préparation sous-entendue toucha à sa fin (il y eut un soir), et de nouvelles choses vinrent à l'existence (et il y eut un matin) ".*

Ainsi, dans la suite du premier chapitre de Genèse, l'expression "un matin" fait référence à chaque nouvel événement majeur qui finit par paraître (un matin) a la fin d'un temps sous-entendu de préparation (un soir).

- **Le deuxième ciel** (Genèse 1 : 6 - 8)

Sous les ordres de YHWH, dans le mélange des eaux et de la poussière se forma un espace, un vide, qui sépara les eaux, donnant des eaux au dessus du vide, et des eaux en dessous du vide ; et puisque nous sommes certainement dans le cas d'une sphère, cela signifie tout simplement qu'il se forma une poche vide au milieu de la sphère, laissant entrevoir des eaux externes et des eaux internes à cet espace nouvellement formée.

SCHÉMA 8 : CRÉATION DU DEUXIÈME CIEL

Ci-dessous, la moitié d'une sphère coupée en son milieu de façon sagittale.

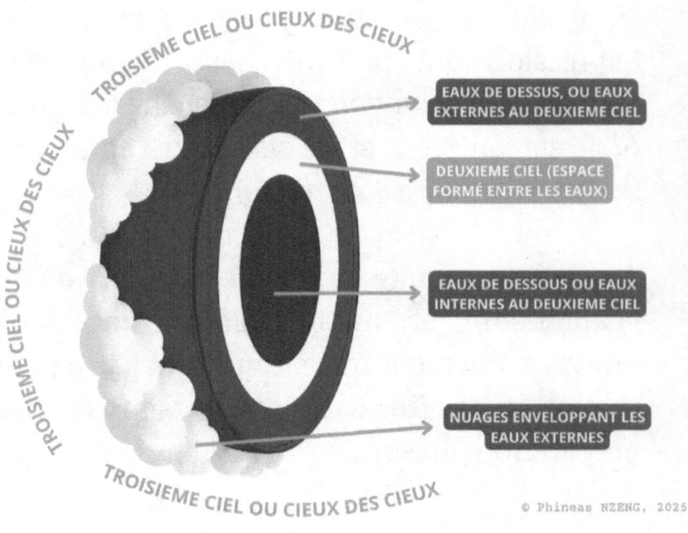

N.B : Souvenons-nous qu'à ce stade, les eaux contiennent la poussière, celle issue de l'Agneau.

YHWH appela cet espace formé "ciel". Et nous devons garder à l'esprit que ce ciel serait différent du ciel mentionné pour la première fois dans Genèse 1 (Au commencement, Elohim créa **le ciel** et la terre).

Le ciel mentionné pour la première fois était certainement le ciel des ciels ou encore le troisième ciel, celui où YHWH a son siège. Cet espace venant de se former était donc le deuxième ciel.

Maintenant souviens-toi de ce que nous avons dit précédemment : sur le plan physique et matériel, les eaux de la mort seraient l'élément constitutif des trous noirs. Ainsi, a ce stade de la création, nous avons une structure semblable au schéma ci-dessous :

SCHÉMA 9 : APERÇU DU MONDE AU DEUXIÈME JOUR

Ci-dessous, la moitié d'une sphère coupée en son milieu de façon sagittale.

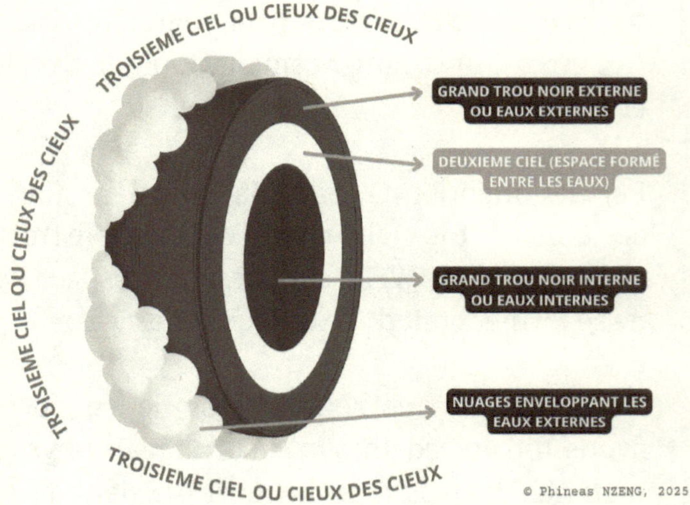

NB: Souvenons-nous qu'à ce stade, les eaux contiennent de la poussière, celle issue de l'Agneau.

Dieu dit : Qu'il y ait une étendue entre les eaux, et qu'elle sépare les eaux d'avec les eaux .

Et Dieu fit l'étendue, et Il sépara les eaux qui sont au-dessous de l'étendue d'avec les eaux au-dessus de l'étendue. Et cela fut ainsi.

Dieu appela l'étendue "ciel". Ainsi, il y eut un soir et il y eut un matin : ce fut le deuxième jour (Genèse 1 : 6 - 8).

- **L'univers et ses trous noirs** (Genèse 1 : 9 - 10)

Sous les ordres de YHWH, les eaux internes ou inférieures au deuxième ciel se séparèrent de la poussière ; elles se rassemblèrent et laissèrent le sec paraître.

Ici, nous ne devons pas comprendre le sec comme "ce qui n'est pas mouillé", au vrai sens du mot. Nous devons plutôt le comprendre comme toute partie ne contenant plus les eaux de la mort sous le deuxième ciel.

Ce sec c'était donc de la poussière désormais suspendue dans le vide, et non plus dans les eaux de la mort. Dans le sens physique et matériel des choses, ce sec c'était "toute partie sous le deuxième ciel qui n'était pas un trou noir".

YHWH appela le sec "Terre", et Il appela "Mers" les eaux rassemblées et isolées de la poussière sous le deuxième ciel.

As-tu davantage découvert ce que ce sec appelé "Terre" par YHWH signifiait ? Ce sec c'était les futures étoiles et planètes, toutes les parties hors trou noir des futures galaxies, ainsi que tout l'espace intergalactique, interstellaire et interplanétaire ; bref, tout ce qui n'est pas un trou noir sous le deuxième ciel.

Et les Mers, dans ce contexte (Il appela l'amas des eaux mers...), sont les trous noirs de l'univers.

> ***Dieu dit : que les eaux qui sont au-dessous du ciel se rassemblent en un seul lieu, et que le sec paraisse. Et cela fut ainsi.***
>
> ***Dieu appela le sec "terre", et Il appela l'amas des eaux "mers". Dieu vit que cela était bon** (Genèse 1 : 9 - 10)*.

SCHÉMA 10 : L'UNIVERS ET SES TROUS NOIRS
Ci-dessous, la moitié d'une sphère coupée en son milieu de façon sagittale.

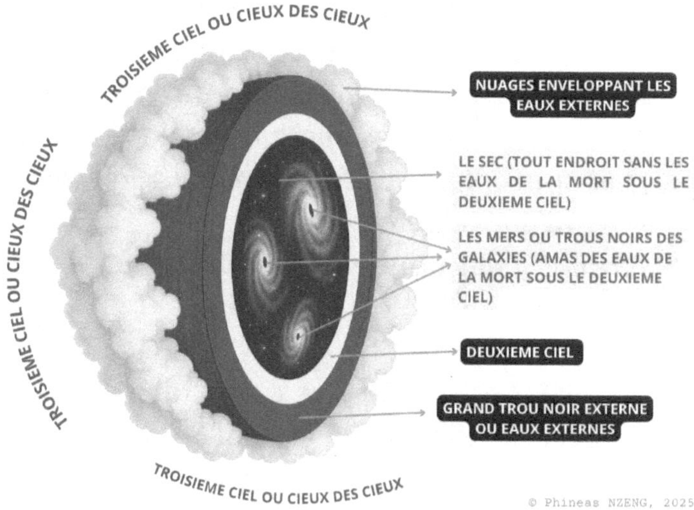

Ça y est ! Nous venons de voir la deuxième terre de Genèse chapitre 1. Si la première terre y mentionnée faisait référence à l'ensemble des eaux de la mort suspendues dans l'abîme, contenant de la poussière et recouvertes de ténèbres et de nuages (voir schémas 7 plus haut), cette deuxième terre mentionnée fait référence à la poussière et l'espace totalement séparés des eaux de la mort.

- **Probablement plusieurs planètes habitables**

Puis Dieu dit : que la terre produise de la verdure, de l'herbe portant de la semence , des arbres fruitiers donnant du fruit selon leur espèce et ayant en eux leur semence sur la terre et cela fut ainsi.
La terre produisit de la verdure, de l'herbe portant de la semence selon son espèce, et des arbres donnant du fruit et ayant en eux leur semence selon leur espèce. Dieu vit que cela était bon.
Ainsi, il y eut un soir et il y eut un matin : ce fut le troisième jour (Genèse 1 : 11 - 13).

En effet, sous les ordres d'Elohim, la terre donna de la végétation ; il y eut de la verdure.
Mais de quelle terre s'agissait-il ici, à une époque où les étoiles, le soleil y compris, n'avaient pas encore été formées ? S'agissait-il de la planète Terre que nos pieds foulent en ce jour ? De plusieurs autres planètes également, regroupées ou dispersées ? De l'univers tout entier ?

La Bible ne nous donne pas ces précisions. Cependant, nous sommes certains de trois choses :

- Selon nos connaissances humaines, il faut que la poussière soit réunie en un amas compact pour qu'une végétation pousse dessus. Donc la terre dont il est question ici devait être, selon une compréhension humaine, une ou plusieurs planètes rocheuses, regroupées ou dispersées, qui, à cette époque, avaient déjà été formées, et portèrent une végétation.

Cependant, nous ne pouvons dire cela avec affirmation, car rien n'est impossible à YHWH, et que même sur de la poussière en suspension Il peut faire pousser une végétation.

- A cette époque, les étoiles, le soleil y compris, n'avaient pas encore été formées (allumées ?), bien que la lumière existait déjà. Ainsi, comme pour les deux premières terres mentionnées dans Genèse chapitre 1, cette troisième terre mentionnée n'était nécessairement pas seulement la planète terre que nous connaissons aujourd'hui ; plusieurs autres planètes portant une végétation étaient peut-être bien aussi incluses dans ce terme "terre portant une végétation".

- Je ne suis peut-être pas le seul à penser que l'humain créé au départ par YHWH était certainement un être interplanétaire, et peut-être bien intergalactique, et que c'est a

cause de sa chute, a cause du péché des origines, qu'il devint cloîtré sur la terre que nous connaissons à ce jour (la planète terre), esclave de la pesanteur et des éléments.
L'univers tout entier était donc certainement sa maison (plusieurs autres planètes portant une végétation étaient peut-être à sa disposition) ; car quelque part, parlant de comment YHWH a fait l'humain, il est écrit :

> ***Tu l'as fait (l'humain) de peu inférieur à Dieu, et Tu l'as couronné de gloire et de magnificence.***
> ***Tu lui as donné la domination sur les œuvres de tes mains, Tu as tout mis sous ses pieds*** *(Psaume 8 : 5 - 6).*

La végétation dont il est question dans la portion de Genèse 1 : 11 - 13 concernait donc peut-être plusieurs planètes de plusieurs galaxies, voire toutes les planètes rocheuses, et même gazeuses, etc. de l'univers.

- **Les astres lumineux** (Genèse 1 : 14 - 19)

Sous les ordres de YHWH furent créés le soleil, la lune et les étoiles le quatrième jour.
Ces éléments créés, énumérés à partir du verset 14 de Genèse 1, se rapportent à la planète Terre, notre

planète, celle que foule la plante de nos pieds. Car l'auteur décrit dans ce passage deux grands luminaires, dont l'un pour présider au jour, allusion certaine faite au soleil, et l'autre pour présider à la nuit, allusion certaine faite à la lune.

> ***Dieu dit : qu'il y ait des luminaires dans l'étendue du ciel pour séparer le jour d'avec la nuit ; que ce soient des signes pour marquer les époques, les jours et les années ; et qu'ils servent de luminaires dans l'étendue du ciel, pour éclairer la terre. Et il en fut ainsi.***
>
> ***Dieu fit les deux grands luminaires, le plus grand luminaire pour présider au jour, et le plus petit luminaire pour présider à la nuit ; il fit aussi les étoiles.***
>
> ***Dieu les plaça dans l'étendue du ciel, pour éclairer la terre, pour présider au jour et à la nuit, et pour séparer la lumière d'avec les ténèbres. Dieu vit que cela était bon.***
>
> ***Ainsi il y eut un soir et il y eut un matin : ce fut le quatrième jour*** (Genèse 1 : 14 - 19).

L'as-tu remarqué ? Le ciel dont on parle ici, celui où furent créées les deux luminaires ainsi que les étoiles, c'est le premier ciel, notre ciel, le ciel

au-dessus de nos têtes, celui qui se remplit d'étoiles par temps secs la nuit.
Ce premier ciel c'est en fait toute la partie de l'univers qui entoure le globe terrestre. C'est la partie contenant les galaxies, et c'est la partie que peuvent voir nos sondes, télescopes et autres outils d'exploration spatiale.

Au-delà du premier ciel, donc au-delà de notre univers explorable, se trouve un grand vide dont nous ne connaissons pas la nature : le deuxième ciel.

C'est ce grand vide que YHWH créa pour séparer les eaux d'avec les eaux, t'en souviens-tu **(Genèse 1 : 6 - 8)** ?

SCHÉMA 11 : RÉCAPITULATIF DES TROIS CIELS

Ci-dessous, la moitié d'une sphère coupée en son milieu de façon sagittale.

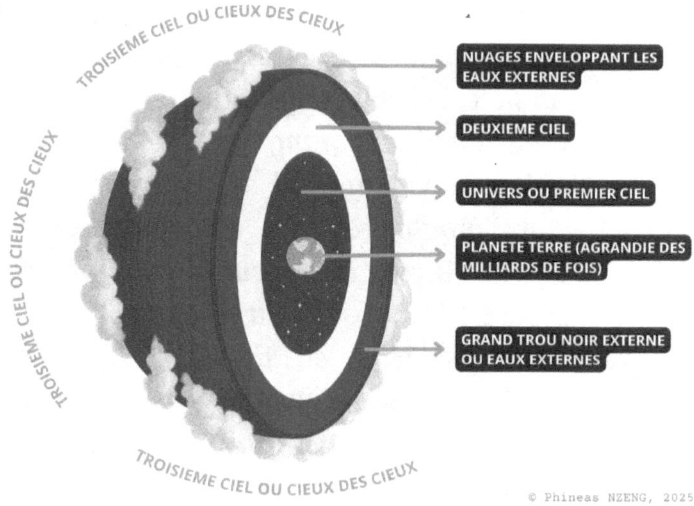

- **Poissons, oiseaux et animaux terrestres** (Genèse 1 : 20 - 25)

Alors, souviens-toi, nous avons dit précédemment que le plan (la suite d'ordres à suivre) avait déjà certainement été conçu par le Père avant que l'Agneau ne fût sacrifié aux eaux pour voir sa partie effritable être réduite en poussière.

C'est donc sur la poussière (les atomes ?) issue de l'Agneau que les ordres du Père continuaient à s'effectuer à cette étape de la création, pour amener à l'existence les poissons, les oiseaux et les animaux terrestres.

Dieu dit : que les eaux produisent en abondance des animaux vivants, et que des oiseaux volent sur la terre vers l'étendue du ciel.
Dieu créa les grands poissons et tous les animaux vivants qui se meuvent, et que les eaux produisirent en abondance selon leur espèce ; Il créa aussi tout oiseau ailé selon son espèce. Dieu vit que cela était bon.
Dieu les bénit en disant : soyez féconds, multipliez-vous et remplissez les eaux des mers ; et que les oiseaux se multiplient sur la terre .
Ainsi, il y eut un soir, et il y eut un matin : ce fut le cinquième jour.
Dieu dit : que la terre produise des animaux vivants selon leur espèce, du bétail, des reptiles et des animaux terrestres, selon leur espèce. Et cela fut ainsi.
Dieu fit les animaux de la terre selon leur espèce, le bétail selon son espèce, et tous les reptiles de la terre selon leur espèce. Dieu vit que cela était bon (Genèse 1 : 20 - 25).

La terre, le ciel et les eaux dont il est question ici sont relatifs à notre planète ; c'est ceux que nous connaissons tous.

Et remarquons : pour créer les animaux, et même les plantes, **YHWH ne s'est servi que de la terre,**

c'est-à-dire seulement de la poussière issue de l'Agneau.

> ***Dieu dit : que la terre produise des animaux vivants selon leur espèce, du bétail, des reptiles et des animaux terrestres, selon leur espèce. Et cela fut ainsi*** (Genèse 1 : 24).

En effet, l'Agneau c'est le Logos : la Parole qui a de l'intelligence, et ce que YHWH a produit de sa poussière (étoiles, planètes, plantes, animaux, humains) est pensant, conscient, ou possède un instinct, un peu comme une queue de lézard coupée continue de bouger. Cependant, dans la dimension immatérielle, seul l'âme (le corps immatériel) de l'humain possède le divin qui est dans l'Agneau. Ainsi, dans les eaux de la mort, une âme animale ou végétale est certainement destinée à se désintégrer complètement et redevenir totalement poussière, mais chez l'humain, quelque chose demeure à jamais.

Ainsi, quand YHWH montre à Ézéchiel les cadavres de l'humanité dans la vallée (Ézéchiel 37), Il lui montre des ossements, donc quelque chose resté des âmes ; et Esaïe, parlant des âmes humaines qui seront envoyées en enfer, écrit :

> ***C'est pourquoi, comme une langue de feu dévore le chaume, et comme la flamme consume l'herbe***

sèche, ainsi leur racine sera comme de la pourriture, et leur fleur se dissipera comme de la poussière ; car ils ont dédaigné la loi de l'Éternel des armées, et ils ont méprisé la loi du Saint d'Israël (Esaïe 5 : 24).

Oui, la fleur de l'âme humaine est réduite en poussière, mais sa racine, c'est-à-dire les os du corps immatériel, la partie sensée garder l'âme attachée a l'Agneau (la partie divine de l'âme), n'est pas réduite en poussière ; elle pourrit seulement, mais demeure. C'est un peu comme un squelette vivant qui garde toute sa conscience, et peut ressentir la douleur de sa chair et sa peau constamment perdues.

Cependant, la Bonne Nouvelle c'est que lorsque Jésus-Christ alla dans les eaux pour une seconde fois, la poussière de son Âme rendit à la chair sur nos ossements (la fleur de notre racine) la fraîcheur perdue à cause de la désobéissance qui nous avaient séparés de la Source (du Père) et de son Tronc (Jésus-Christ, l'Agneau).

Moi, Je suis le Pain vivant venu du ciel. Si quelqu'un mange de ce Pain, il vit en pérennité. Le Pain que Je donne, c'est ma chair *(celle de l'âme d'abord)**, pour la vie de l'univers*** *(Jean 6 : 51, Bible Chouraqui).*

Désormais, tout ceux qui se détournent **pour toujours** de leurs péchés conscients (repentance), demandent pardon à Dieu, et confessent de leur bouche et avec leur cœur le Seigneur Jésus sur leurs âmes, peuvent voir leur fleur retrouver sa fraîcheur et ne plus être sèche et à brûler pour toujours.

Mais c'est une affaire de constance : en plus de se repentir et de confesser Jésus, la racine de leur fleur doit demeurer connectée à la Source par la lecture régulière de la Bible, par la prière régulière au Père au Nom de Jésus, par l'obéissance constante à Dieu, ainsi que par la louange et l'adoration régulières à Dieu. **Sans tout cela**, lors de la résurrection des morts, ils seront comme les vierges (personnes ayant reçu Jésus) qui n'avaient pas gardé de l'huile dans leur lampes avant de s'en dormir (Matthieu 25:1).

Ainsi furent créés les trois cieux, la terre, les plantes et les animaux, et le terrain d'accueil fut par là préparé pour l'être humain.

CHAPITRE 8 : L'HUMAIN

Des versions miniatures de l'Agneau…

Plus haut, nous avons parlé de l'Agneau de YHWH, Celui de qui ont été tirés nos âmes et tout ce qui est physique dans l'univers : chaque grain de poussière des galaxies, chaque particule des outils et ustensiles des nos maisons, chaque atome de nos corps, bref tout ce qui peut exister physiquement dans les milliers de milliards de galaxies qui constituent l'univers (planète Terre + premier ciel), est venu de l'Agneau.

Et comme on l'a dit précédemment, l'histoire de la création rapportée dans **Genèse 1** commence en réalité par une terre déjà détruite de façon absolue (la terre était tohu-bohu…) ; cette terre, c'était la partie désintégrable de l'Agneau, qui était devenue poussière (des atomes ?) dans les eaux de la mort.

De cette poussière, cette terre dissoute, la planète terre et le premier ciel furent créés, et non le deuxième ciel, qui est tout simplement un espace créé entre les eaux (**voir schéma 8 au chapitre 7**). Et pour le troisième ciel, la Bible ne nous donne pas plus de précision que le fait de le mentionner.

En était-il resté de la poussière de l'Agneau dans les eaux au-delà du deuxième ciel après la création ?
Peut-être bien, mais la Bible ne l'affirme ni ne le réfute.

[Bonus : Les eaux de la mort sont-elles plus fortes que Yeshoua (l'Agneau) ? ont-elles le dessus sur Lui ?

Au grand jamais, non ! En effet, autant que le Père a le pouvoir de tarir les eaux, autant le Fils (l'Agneau, Yeshoua) et le Saint-Esprit, ainsi que tout ceux qui portent le même Nom que le Père à travers le Fils et le Saint Esprit (donc les Chrétiens et les Anges de YHWH) ont le pouvoir de tarir les eaux.

C'est ainsi qu'au Nom de Jésus-Christ, nous tarissons les ruisseaux, les rivières et les fleuves qui emportent les âmes dans la grande mer qui est le Shéol, le séjour des morts ; ces ruisseaux, rivières et fleuves sont : les maladies, les accidents, la magie, les mauvais sorts, les empoisonnements, etc.

***Je dis au gouffre : "Assèche-toi, Je dessèche tes fleuves** (Esaïe 44 : 27, Bible Chouraqui)."*

Ainsi, pour la création du monde comme pour son salut et sa recréation, l'Agneau, le Bras Pensant de YHWH, fut dépiecé par les eaux, tout simplement parce qu'Il voulut se laisser faire ; Il voulut ne rien dire, car telle était la mission, celle de l'Amour infini de YHWH.

Sans cette mission accomplie pour la première fois, toi et moi ne saurions pas ce que ça fait de porter un beau bébé dans les bras, ou d'avoir une bonne nuit de sommeil après une journée chargée ; car le monde et tous ses petits bonheurs tant chéris n'existeraient pas.Et sans cette mission accomplie pour la deuxième fois, l'enfer aurait été la destination finale de toute âme humaine.

Le plan de YHWH était donc que son Bras Pensant se tût face aux eaux.

> ***Tyrannisé, Il a accepté ; Il n'ouvre pas la bouche, comme un agneau transporté à l'abattoir, comme une brebis muette, face à ses tondeurs, Il n'ouvre pas la bouche (Esaïe 53 : 7, Bible Chouraqui).]***

Comme dit précédemment, l'Agneau a une partie non désintégrable par quoi que ce soit (Zacharie 3). En plus de sa partie non désintégrable, l'Agneau de Dieu, Yeshoua ha Mashiah, a une partie terreuse et désintégrable, à la fois matérielle et immatérielle, celle que les eaux matérielles (substance des trous noirs ?) et les eaux immatérielles de la mort (les eaux du Shéol) peuvent réduire en poussière.

Alors, tu sais quoi ? Nous les êtres humains et l'Agneau sommes de la même race : autant l'Agneau possédait déjà depuis l'éternité une substance physique de la nature que YHWH Lui-même connaît, et dont la désintégration donna l'univers physique tout entier, autant les humains possèdent également une substance physique, le corps humain, que l'Agneau Lui-Même porta, d'ailleurs, lorsqu'Il vint parmi nous.

De la dissolution de la partie immatérielle désintégrable de l'Agneau (de la terre de l'Âme de l'Agneau) est issu la terre, la partie désintégrable, de nos âmes, ainsi que leur univers.
Nos âmes ont aussi une partie qui ne meurt jamais, celle que rien ne pourra jamais détruire, et qui certainement pousse comme une branche sur l'Agneau pour chaque humain conçu dans ce monde.

> ***Je suis la vigne (arbres des raisins), et vous êtes les sarments (les branches de l'arbre des raisins). Qui demeure en Moi et Moi en Lui,***

> ***celui-là porte beaucoup de fruit, parce que sans Moi vous ne pouvez rien faire*** *(Jean 15 : 4, Bible Chouraqui)* .

En effet, ton âme, le toi de tes rêves et de tes visions est aussi un corps ; tu as un corps dans un autre corps, et la Bible nous parle en long et en large de ce que sont nos âmes, et des êtres doubles que nous sommes.

> [*Quand Adam remit le fruit défendu entier à son arbre* est un projet de livre du même auteur (Phineas NZENG), qui aborde dans sa largeur le sujet de ce qu'est l'âme, et je te le recommande fortement dès qu'il paraîtra, si cela n'est pas encore le cas.]

Ainsi dit, nous allons maintenant voir en résumé les parties, surtout immatérielles, de l'humain, selon ce que nous enseigne la Bible.

Les parties de l'humain...

- **Le corps**

Même pas besoin d'expliquer ça ! N'est-ce pas ? Donc, passons rapidement à autre chose...

- **L'âme**

Plus haut, nous avions dit que la plupart d'éléments racontés dans **Genèse 1** devraient être considérés comme étant du monde immatériel et du monde matériel à la fois, se basant sur le caractère double de la Parole de Dieu rapporté dans **Hébreux 4 : 12** .

Ainsi, à propos de la poussière et des eaux par exemple, nous avons vu que c'étaient des éléments à la fois matériels et immatériels. Et s'il est écrit que c'est de la terre que l'homme a été fait **(Genèse 2 : 7)** , il faudra comprendre l'humain comme ayant à la fois un corps fait de terre matérielle et une âme faite de terre immatérielle.

> *[**Bonus** : Contrairement à l'Agneau, l'humain venu au monde n'avait certainement jamais connu les eaux de la mort ; c'est peut-être pourquoi il n'avait pas pris très au sérieux l'avertissement de mort lié à la désobéissance **(le jour où tu mangeras de l'arbre de la connaissance du bien et du mal, tu mourras... Genèse 2 : 17)**.]*

L'âme est donc une entité faite de poussière, et, surtout, ce n'est pas quelque chose sans forme : comme notre corps, elle a aussi des parties, qui ont, chacune, des fonctions particulières ; et c'est cela que nous enseigne la Bible.

Plusieurs termes sont utilisés pour faire allusion à tout ou partie de nos êtres intérieurs dans la Bible ; c'est par exemple : montagne, ville, maison, jardin ou désert, vigne, arbre, fleur, tabernacle, temple ; termes très souvent utilisés dans les livres des prophètes.

De tous ces termes, nous allons en choisir un seul, et en donner une très courte description ; cela nous aidera à comprendre ce que YHWH dit que nous sommes à l'intérieur, ce qu'est l'être humain vu par un esprit. Ci-dessous , le terme choisi :

LE TABERNACLE (Exode 25 - 40)

Alors que YHWH commençait à se révéler de plus en plus à l'humanité à travers le peuple d'Israël, Il Lui plut de révéler à l'humain ce que tout humain est au fond de lui-même ; Il lui révéla l'anatomie de notre personne immatérielle.

YHWH donna à Moïse l'ordre de créer un tabernacle, un lieu de culte transportable et déplaçable, reflet physique de son véritable temple (l'être humain), où le peuple, avec l'aide des prêtres, devait rendre un culte à YHWH, alors qu'il était dans le désert, en traversée vers la terre promise.

SCHÉMA 12 : VUE D'ENSEMBLE DU TABERNACLE

Le tabernacle voulu par Dieu était un ensemble de 2 composantes majeures : c'était une tente et son enclos appelé "parvis".

- ***La tente*** était comme une maison avec **2 pièces :**
    1. **Le lieu saint** : première pièce faisant suite à l'entrée de la tente ; il contenait 3

objets essentiels : une table contenant des pains, un autel pour brûler des parfums, ayant une corne à chacun de ses 4 coins, et un chandelier avec 7 lampes (la ménorah), seule lumière de la pièce.

SCHÉMA 13 : LE LIEU SAINT (PREMIERE PARTIE DE LA TENTE)

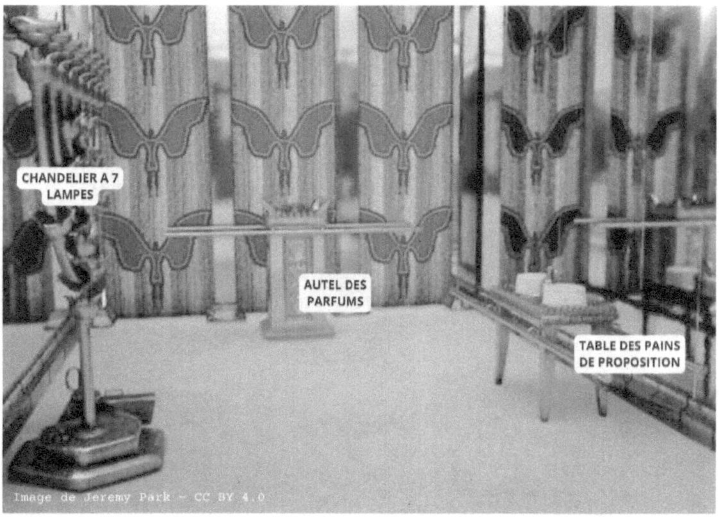

Illustration du lieu saint tel qu'il était vu a partir de l'entrée de la tente. Le rideau sur lequel sont brodés des chérubins dans le fond de la pièce marquait la séparation entre le lieu saint et le lieu très saint. Ici, les objets de la pièce se reflètent sur les surfaces des cotés gauche et droit de la pièce.

2. **Le Lieu très saint, ou Saint des Saints :** seconde pièce de la tente ; il était séparé du lieu saint par un grand rideau sur lequel étaient brodés des chérubins **(voir schéma 13 ci-haut)**, et la pièce contenait un seul objet: l'arche de l'alliance, dans lequel se trouvaient les tablettes des 10 commandements, de la manne, et le bâton sec d'Aaron sur lequel avait miraculeusement poussé des fleurs.

SCHÉMA 14 : LE LIEU TRÈS SAINT OU SAINT DES SAINTS (DEUXIÈME PARTIE DE LA TENTE)

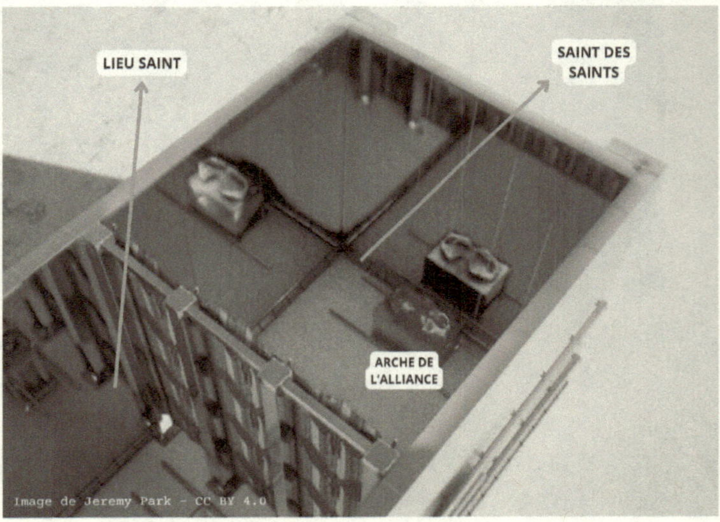

- **Le parvis** est la clôture de la tente **(voir schéma 12 plus haut)**, et il est également plein d'enseignements, que nous abordons dans l'ouvrage *Quand Adam remit le fruit défendu entier à son arbre*.

Explications

En effet, tout le tabernacle est ce que l'humain est à l'intérieur :

La tente toute entière c'est l'âme ; et le parvis (l'enclos de la tente) est la représentation immatérielle de notre corps ainsi que de divers éléments relatifs à notre champ d'influence dans le monde matériel (travail, mariage, santé, etc.). Et autant nous sommes mobiles, autant le tabernacle était déplaçable, transportable.

- **L'autel des parfums**

SCHÉMA 15 : L'AUTEL DES PARFUMS

Image de Jeremy Park - CC BY 4.0

L'autel des parfums se trouvant dans la première partie de la tente avait 4 cornes, dont une dans chaque coin et regardant vers l'extérieur ; pareil pour l'autel des sacrifices d'animaux se trouvant dans le parvis. Ces cornes représentent les problèmes affectifs et émotionnels, les dispersions intérieures, que tout humain doit neutraliser afin de vivre une vie épanouie. Dans le cas de l'autel du parvis, les cornes représentent principalement les problèmes physiques.

Ces cornes n'existaient certainement pas avant le péché de l'homme, car c'est sûrement elles "les épines et les ronces" dont fait allusion la phrase : "... ***Le sol sera maudit à cause de toi. il te produira des épines et des ronces...*** (Genèse 3 : 17 - 18) ".

Et il faut dire que seul la confession du sang de Jésus-Christ sur ces cornes peut vraiment les neutraliser. C'est pourquoi YHWH avait ordonné l'aspersion du sang des animaux sur les cornes de chacun des deux autels, en annonciation du sacrifice parfait à venir : Yeshoua ha Mashiah. C'est aussi pourquoi Yeshoua porta une couronne d'épines, car Il prit nos malheurs et nos malédictions. Il nous faut donc confesser le sang de Jésus avec foi contre nos soucis de tous genres.

> ***Si tu confesses de ta bouche le Seigneur Jésus, et si tu crois dans ton cœur que Dieu L'a ressuscité des morts, tu seras sauvé.***
> ***Car c'est en croyant du cœur qu'on parvient à la justice, et c'est en confessant de la bouche qu'on parvient au salut, selon ce que dit l'Écriture : Quiconque croit en Lui ne sera point confus*** *(Romains 10 : 9 - 11).*

Aussi, les parfums brûlés sur l'autel des parfums et les chairs brûlées sur l'autel du parvis représentent les sacrifices de louange et d'adoration, de prières et de vie intègre, pour ce qui est du parfum, ainsi que le sacrifice de la chair de Yeshoua, qu'il faut donner à YHWH tous les jours si tu veux voir tes soucis (les cornes des autels) être neutralisés.

En effet, offrir la chair de Yeshoua c'est tout simplement une affaire de confession de foi, de garder son sacrifice à l'esprit pour toujours, et d'en être reconnaissant ; il n'y a rien de physique que nous devons faire là dedans, à part pour ceux qui veulent de temps en temps se souvenir de son sacrifice en partageant la sainte cène (le pain et le vin), mais même là, le plus important c'est orienter sa pensée vers le sacrifice parfait et permanent de Yeshoua (***faites cela en souvenir de Moi...*** Luc 22:19).

Ainsi, moins tu pries et loue Dieu par Jésus-Christ, et moins tu penses à son sacrifice pour toi, pour le confesser, en être reconnaissant et l'honorer en obéissant à Dieu, plus ta paix sera de très mauvaise qualité, et tu te tourneras vers les moyens du monde (les drogues, la débauche) pour trouver un peu de tranquillité de l'âme.

Dieu avait ordonné que les sacrifices effectués dans la tente et le parvis soient perpétuels. Alors, sacrifie tous les jours de ta vie : Dis tous les jours Jésus, et confesse son sang sur tous les aspects de ta vie ; adore Dieu ; prie et loue-Le en toutes circonstances. Surtout, fais toujours tout cela avec un cœur reconnaissant, car le sang de Jésus a déjà coulé et demeure à jamais disponible.

> ***Le sacrificateur de merci Me glorifie, il se met en route, Je lui fais voir le salut d'Elohîms*** *(Psaume 53 : 23).*

- **Le chandelier à 7 lampes**

SCHÉMA 16 : LE CHANDELIER À 7 LAMPES

Le chandelier à 7 lampes, à l'intérieur de la première partie de la tente, c'est l'esprit, la connaissance, le nombre de dimensions perçues.

Seule la présence de l'Esprit de Dieu, c'est-à- dire la présence de l'ange de Dieu, dans l'humain, peut allumer toutes les 7 lampes du chandelier, afin de lui faire faire ou lui faire voir la volonté de YHWH.

Car plusieurs humains n'ont généralement par eux-mêmes qu'une seule lampe allumée (perception du monde physique). Certains autres, les sorciers, savent allumer par eux-mêmes une deuxième lampe (perception du monde de l'âme), certains même, peut-être, peuvent en utiliser une troisième, c'est-à-dire ils peuvent voir le monde des esprits.

Les esprits (anges ou démons) peuvent, par eux-mêmes, avoir jusqu'à la perception de 3 autres réalités (3 autres lampes allumées) :

- **les lieux arides et les tentes des tabernacles :** Les tentes des tabernacles, ce sont les âmes, qui constituent des maisons pour les esprits (Matthieu 12:43-45). J'ose croire que les esprits voient clairement les tentes des tabernacles comme moi et toi voyons la terre, avec la capacité d'agir dessus, de la manipuler ;

- **Leur être intérieur**, comme moi et toi voyons le monde de nos âmes dans nos rêves et nos visions ;

- Et je pense même que certains, peut-être tous, ont la capacité de voir **le monde de YHWH, qui est le troisième ciel**.

> ***Gardez vous de mépriser un seul de ces petits ; car Je vous dit que leurs anges dans les cieux*** *(certainement le deuxième ciel)* ***voient continuellement la face de mon Père qui est dans les cieux*** *(certainement le troisième ciel)* **(Matthieu 18 : 10)** .

[Lorsqu'un esprit est dans un humain, les lampes allumées de l'humain s'additionnent à celles de l'esprit, ainsi l'esprit peut voir tout ce que l'humain voit, dans le matériel comme l'immatériel, en plus de ce qu'il pouvait déjà voir auparavant ; tu comprends pourquoi dans le récit de l'homme possédé habitant parmi les sépulcres *(Marc 5 : 1 - 20) les esprits pouvaient voir les porcs ?*
Et, en retour, l'esprit peut faire voir à l'humain d'autres réalités que l'humain ne pouvait voir auparavant, en créant en l'humain des scénarios. Cependant, ce qu'il faut savoir, c'est que Satan et les démons sont méchants, menteurs et manipulateurs; mentir c'est leur façon naturelle de parler (Jean 8 : 44) ; ils ne peuvent jamais raconter quoi que ce soit à l'humain pour son bien.]

La septième lampe, septième réalité, septième connaissance ou encore septième perception, est celle qui englobe et voit tout. Si les humains ont le pouvoir de toucher les éléments qui sont sur Terre et les manipuler, et si les esprits (anges et démons) voient et manipulent à leur tour les humains (les tentes des tabernacles), Celui qui est dans la septième dimension peut manipuler, selon son bon vouloir, à la fois les humains, les esprits, la Terre, l'univers, l'abîme, les eaux de la mort et les deux ciels ; tout n'est que argile dans ses mains.

Celui qui est dans la septième dimension est constamment conscient et au courant de tout : aucune fourmi ne se promène sur terre sans qu'Il ne le sache ; aucun microbe ne se trouve dans un organisme sans qu'Il n'en soit au courant ; aucune étoile ne s'éteint dans une galaxie sans qu'il ne le sache ; aucune âme ne pourrit dans les eaux du Shéol sans qu'Il ne le sache ; Il connaît chacun de ses serviteurs qui se reposent à ce jour en attente de la résurrection, et quant à moi et toi, Il connaît parfaitement chaque détail de nos vies, et nous aime par dessus tout.

> ***Ne vend-on pas une paire de moineaux pour un sou ? Et pourtant, pas un seul d'entre eux ne tombe sans le consentement de votre Père.***
> ***Quant à vous-même, les cheveux de votre tête sont tous comptés*** *(Matthieu 10 : 29 - 30, Bible du Semeur)*.

C'est YHWH (c'est-à-dire le Père, l'Agneau et le Saint Esprit) qui est le Maître de la septième dimension, et Il fait accéder à cette dimension de façon partielle et circonstancielle celui que bon Lui semble parmi ses créatures.

En effet, alors que Jésus était sur terre, constamment rempli du Saint Esprit, Il voyait certainement à la fois les choses physiques de la terre, les choses du deuxième, les choses du troisième ciel, ainsi que les choses des eaux de la mort et de l'abîme ; toutes les réalités étaient certainement devant Lui comme un livre ouvert. L'Agneau a 7 yeux.

> ***Et je vis au milieu du trône et des quatre êtres vivants et au milieu des vieillards, un agneau qui était là comme immolé. Il avait sept cornes et sept yeux, qui sont les sept esprits de Dieu envoyés par toute la terre*** **(Apocalypse 5 : 6).**

Les anges portent en eux le Nom de YHWH : ils perçoivent la réalité sept, selon que YHWH leur donne de la voir ou de la connaître, dans une circonstance ou l'autre.

Ainsi, pour toute âme humaine régénérée par l'Âme de Jésus donnée en sacrifice, et cherchant activement YHWH dans la prière et la méditation biblique régulières, et veillant sur sa conduite pour demeurer intègre devant YHWH, l'ange de YHWH peut demeurer en cette âme à cause de la sanctification, et les 7 lampes du chandelier pourront s'allumer en elle selon les circonstances, pour la prévenir des dangers, lui donner des conseils, bref, pour lui faire connaître et pratiquer la volonté de YHWH.

> ***Voici, J'envoie un ange devant toi, pour te protéger en chemin, et pour te faire arriver au lieu que J'ai préparé.***
> ***Tiens-toi sur tes gardes en sa présence, et écoute sa voix ; ne lui résiste point, parce qu'il ne pardonnera pas vos péchés, car mon Nom est en lui*** (Exode 23 : 20-21).

Tout esprit qui n'est pas de YHWH, et n'a pas son nom, est une lumière aussi, mais une lumière qui ne dépassera jamais six lampes, pour toujours ***(le chiffre de la bête est un chiffre d'hommes : 666...****Apocalypse 13:18* ***).***

Ainsi, par exemple, seuls les rêves ou c'est YHWH qui t'a parlé sont les plus clairs qui puissent être, et te marquent à vie, parce que sa Lumière seule est plénitude et ne connaît aucune zone d'ombre.

Les prophètes de YHWH, les enchanteurs et tous les humains peuvent donc tous avoir des visions et des rêves, car possédant tous une lumière pour voir dans l'invisible, mais seul YHWH peut tout voir, sur la terre, dans les ciels et dans l'abîme. Ainsi, seul ce que YHWH dit demeure irréversible, vrai et précis pour toujours, car devant ses faces, il n'y a pas de zone d'ombre.

> ***Demandez à l'Éternel la pluie, la pluie du printemps ! L'Éternel produira des éclairs et Il vous enverra une abondante pluie, Il donnera à chacun de l'herbe dans son champ.***
> ***Car les théraphim ont des paroles de néant, les devins prophétisent des faussetés, les songes mentent et consolent par la vanité. C'est pourquoi ils sont errants comme un troupeau, ils sont malheureux parce qu'il n'y a point de pasteur*** (Zacharie 10 : 1 - 2) .

[C'est par la prière régulière à YHWH au Nom de Jésus, la lecture régulière de la Bible, la louange et l'adoration à YHWH, ainsi que l'obéissance constante à YHWH, que l'Esprit de YHWH notre Dieu demeurera ton allié, et ouvrira tes yeux de l'invisible. N'ouvre jamais un seul œil de l'invisible par toi-même ou par une autre force qui n'est pas de YHWH, cela ouvrirait les portes de ton être aux démons et mettrait vraiment ton éternité en danger.]

- **Les pains de proposition**

SCHÉMA 17 : TABLE DES PAINS DE PROPOSITION

Les pains, dans la première pièce de la tente, c'est la Parole de Dieu (promesses, orientations, enseignements, dons de Dieu, dépôt venant des méditations bibliques) ; ces pains sont une réserve pour notre âme afin de tenir dans la marche chrétienne, prendre de bonnes décisions dans la vie, et réduire au néant l'ennemi.

Par l'Esprit de Dieu, c'est-à-dire l'ange de Dieu en nous, cette réserve est utilisée comme une épée contre l'ennemi et l'adversité ***(Prenez aussi... l'épée de l'Esprit qui est la Parole de Dieu...****Éphésiens 6 : 17* ***)***, et pour notre réconfort, notre bonne conduite et notre salut.

Ne peut voir ces pains et en faire usage que celui dont les sept lampes du chandelier s'allument, c'est-à-dire celui qui est rempli de l'Esprit de Dieu et marche en communion avec Lui. Ainsi il est écrit :

> ***Or nous, nous n'avons pas reçu l'esprit du monde, mais l'Esprit qui vient de Dieu, afin que nous connaissions les choses que Dieu nous a données par sa grâce*** *(1 Corinthiens 2 : 12)*.

> *[Bonus : peut-être te demandes-tu : ange de Dieu, Esprit de Dieu, c'est quoi vraiment la nuance ?*
>
> *C'est une bonne question ! En effet, autant ceux fait de terre, c'est-à-dire les humains, sont des versions miniatures de l'Agneau* ***(Je suis la Vigne, vous êtes les sarments...****Jean 15 : 5* ***)****, autant ceux fait de souffle, c'est-à-dire les anges, sont des*

versions miniatures du Souffle Sacré (le Saint Esprit), car il est écrit que les anges sont des souffles (Psaume 104 : 4).

Et si Jésus a dit que nous sommes sa représentation, en donnant l'exemple de ceux qui Lui rendent visite ou Lui donnent à manger quand ils font cela pour le plus petit des humains (Matthieu 25 : 31 - 34) , celui qui voit l'ange de Dieu voit l'Esprit de Dieu, car les anges sont aussi des sarments, des branches du Saint-Esprit, autant que les humains sont des sarments de Yeshoua.

Et j'ose croire que l'humain n'est rempli de l'Esprit de Dieu qu'à travers un ange, car une branche ne peut supporter qu'une autre branche, et pas un gros tronc d'arbre.

Ainsi, Zacharie, par exemple, parle de l'ange, ou du messager, qui parle en lui.

> **Je dis au messager qui parle en moi : "Que sont-elles ? Il me dit...** (Zacharie 2 : 2, Bible Chouraqui).

Seul Jésus, pour toujours, peut être rempli de tout l'Esprit de Dieu, car Lui et l'Esprit de Dieu sont les 2 seuls Troncs qui prennent racine sur le Père (Zacharie 4) ; les humains prennent racine sur

Jésus, et les anges sur le Saint-Esprit. Ainsi, en parlant de Jésus, Jean l'immergeur disait :

***Car Celui que Dieu a envoyé (Yeshoua ha Mashiah) dit les paroles de Dieu, parce que Dieu ne Lui donne pas l'Esprit avec mesure** (Jean 3 : 34).*

Nous et les anges sommes des branches qui poussent, les uns sur Jésus, les autres sur le Saint-Esprit (nous et les anges sommes cousins). Le Tronc s'accorde donc avec le Tronc, et les branches s'accordent avec les branches.

Ainsi, le Saint-Esprit est une Personne, c'est-à-dire un être à part entière, et qui a sa pleine conscience ; c'est un Arbre qui a sa pleine conscience : le Tronc possède sa pleine conscience, et les branches qui sont issues de Lui et dépendent de Lui (les anges) ont aussi une pleine conscience.
C'est un peu comme nous les humains : Jésus a sa pleine conscience, et nous avons également la nôtre.]

Il y a encore tellement à dire sur le tabernacle... Veux-tu en savoir un peu plus sur par exemple sur le jardin d'Éden et l'arbre de la connaissance du bien et du mal ? Alors je te donne rendez-vous dans l'ouvrage du même auteur intitulé : *Quand Adam remit le fruit défendu entier à son arbre.*

C'était donc cela la création de l'homme : au sixième jour, YHWH fit avec la terre et une branche poussant sur l'Agneau un tabernacle (une tente avec sa clôture, donc une âme avec son corps), puis Il introduisit dans la tente un souffle de vie, son ange, qui est la portion de son Esprit ; les sept lampes du chandelier de la tente s'allumèrent, et la tente devint une tente vivante ; Adam devint une âme vivante, qui pouvait vivre pour l'éternité.

> ***Mais en réalité, dans l'homme, c'est l'Esprit, le souffle du Tout-Puissant, qui donne l'intelligence*** *(Job 32 : 8).*

Certes, puisque fait de la poussière issue de l'Agneau, l'humain créé par YHWH devait avoir déjà sa propre intelligence, sa propre conscience, son propre esprit, comme c'est le cas pour les animaux, les plantes, les astres, etc., qui ont un certain instinct. Cependant, autant c'est par l'association avec le Saint Esprit que la puissance de l'Agneau s'exprime (Zacharie 4 : 6 & Jean 14 : 10 & Luc 11 : 20) , autant c'est par le Saint-Esprit, par l'ange de Dieu, que le pouvoir de l'humain devait s'exercer sur l'univers. Il fallait donc à l'humain un souffle (un esprit) de vie, pour qu'il vécût éternellement.

Tout comme l'Agneau et le Saint-Esprit sont éternellement liés dans leur nature même, les humains et les esprits sont également liés dans leur nature même. Ainsi, là où se trouvent des âmes humaines, là seront toujours des esprits, anges et/ou démons.

[Chose à ne jamais faire !
La relation entre l'humain et l'ange de YHWH est une relation à sens unique : l'humain parle à YHWH notre Elohim au Nom de Jésus, et par son ange (son messager), souvent sous forme de différents scénarios en rêve ou en vision, YHWH révèle sa pensée et ses cadeaux à l'humain.

Et ceux qui ont une expérience avec les véritables anges de YHWH savent que les anges de YHWH sont discrets ; on ne retient pas leurs visages ; ils passent pour des inconnus (souvent des humains inconnus) dans nos rêves et nos visions .

Ne va donc pas prier des anges, adorer des anges, faire appel à eux, ou les chercher par toi-même pour leur parler directement ! D'ailleurs cela ne va même pas marcher ; et si cela semble arriver à marcher, ou si quelqu'un te dit l'avoir fait et que cela a marché, alors ce n'était pas un ange de Dieu dans cette affaire, mais plutôt un démon. Car les démons aiment affirmer leur identité.

Les véritables anges de Dieu ne sont pas des travailleurs indépendants ; ***ils ne font que ce que YHWH leur dit****, et ce ne sont pas des dieux ; ce sont nos compagnons dans l'œuvre du Royaume de Dieu* (Apocalypse 22 : 9)*.*

Ce sont les démons (les souffles contaminés) qui ont commencé à se faire appeler "elohim (dieux), ancêtres, etc.", et même à exiger une adoration de la part des hommes ; malheureusement pour eux, ils ne sont pas complets comme notre Elohim, leur Créateur et le nôtre ; ils manquent la Substance Créatrice, le Logos (ils ne sont que esprits), et comptent sur l'humain pour leur tailler une forme physique, une idole.

C'est au Père et ses deux Troncs (Jésus et le Saint Esprit) seulement, c'est-à-dire à YHWH Seul, que l'adoration est réservée ; n'adore pas une branche !

En effet, YHWH détient la substance créatrice, son Bras pensant, Yeshoua, dont la poussière a donné l'univers tout entier ; par quelle forme physique représenterait-on notre Dieu ? Il est infini, et tout est issu de Lui.

Alors que dois-tu faire ? Toi parle à YHWH au Nom de Jésus, et laisse les anges faire leur travail selon l'ordre qu'ils ont reçu de Lui.
Tu parles à YHWH, et Lui te parle par son ange (son messager) ; tu veux des réponses de YHWH ? Alors parle à YHWH et pas à son ange !
Fais donc attention ; ne tombe pas dans le piège !]

la promesse

YHWH s'était donc bâti un beau tabernacle, cependant, un événement survint et le tabernacle de YHWH, qui autrefois était un beau jardin habité par son Esprit, fut laissé désert et détruit.
L'humanité et le monde étaient désormais entraînés dans d'innombrables guerres, quand, à une époque, celle dite des prophètes (huitième - septième siècle avant la naissance de Yeshoua), YHWH annonça qu'Il rentrerait au tabernacle afin que celui-ci fût rebâti, à nouveau habité, et replanté, pour toujours.

Et YHWH promit qu'à dater de l'époque de l'annonce de son retour au tabernacle, il ne resterait plus que **70 SIÈCLES à vivre pour l'univers.**

FIN DU PREMIER TOME

www.ingramcontent.com/pod-product-compliance
Lightning Source LLC
LaVergne TN
LVHW040447051026
849517LV00002B/789
* 9 7 9 8 2 3 1 1 4 2 8 8 0 *